Ricardo Bernárdez - Consuelo Villena
Francisco Prieto
Gema Martínez

Guión de prácticas de refracción optométrica.

Ricardo Bernárdez - Consuelo Villena
Francisco Prieto
Gema Martínez

Guión de prácticas de refracción optométrica.

Optometría II (Grado)

Editorial Académica Española

Imprint
Any brand names and product names mentioned in this book are subject to trademark, brand or patent protection and are trademarks or registered trademarks of their respective holders. The use of brand names, product names, common names, trade names, product descriptions etc. even without a particular marking in this work is in no way to be construed to mean that such names may be regarded as unrestricted in respect of trademark and brand protection legislation and could thus be used by anyone.

Cover image: www.ingimage.com

Publisher:
Editorial Académica Española
is a trademark of
International Book Market Service Ltd., member of OmniScriptum Publishing Group
17 Meldrum Street, Beau Bassin 71504, Mauritius

Printed at: see last page
ISBN: 978-613-9-03767-4

Índice

Prorrogo

Este libro de prácticas pretende ser un texto que sirva de guía a los alumnos que comienzan a iniciarse en las pruebas encaminadas a obtener el estado refractivo, acomodativo y binocular de un paciente. No podemos tomar el ojo como elemento independiente ya que en nuestro sistema visual es esencial la binocularidad. Además de posibles diferencias inter-ojo, por refracción básica, por ametropías como la hipermetropía, miopía o astigmatismo, pueden existir otras por tamaño, longitud, tapiz retiniano, estimulación macular, conexión muscular y nerviosa.

Cualquier objeto tiene que poder ser enfocado de forma eficaz, proporcionando una imagen nítida por acción del sistema acomodativo. Esta condición tiene importante influencia en la activación permanente de los elementos particulares de cada ojo.

Además, ambos elementos deben combinarse gracias a la musculatura extrínseca, de modo que si no existe un funcionamiento adecuado de dicha musculatura se hace imposible la visión binocular. La convergencia hace las funciones de asociar ambas imágenes y lograr su fusión cortical gracias a la información transmitida por los axones correspondientes, por tanto, el cerebro también tiene que cumplir la función activa de forma permanente de recepción de la información.

Esta combinación tan compleja permite una visión integrada de un espacio delimitado por la lucarna de entrada o pupila, de ambos ojos, en el plano más exterior. Este espacio es el campo visual delimitado por el campo visual periférico, vital en el desplazamiento del ser humano.

La importancia de conocer y controlar todos estos factores, hace imprescindible tener las herramientas para valorar al detalle cada elemento, que participa en un sentido tan activo y decisivo.

Desde esta perspectiva, ideamos este libro de prácticas, permitiendo un contacto con el alumno de grado y realizar la formación reglada en segundo curso.

PRÁCTICA 1

REFRACCIÓN CON RETINOSCOPÍA EN OJO NATURAL Y SUBJETIVO.

Requisitos: **LA FICHA TIENE QUE SER EVALUADA EL MISMO DIA (Imagen 1).**

Se hace en grupos de 4 alumnos por gabinete y 2 alumnos tienen **1 hora** para acabarla y entregarla.

Los pasos a seguir son tal cual vienen en la ficha y en el mismo orden, haciendo cada alumno la ficha completa de forma continuada.

Después de anotar el nombre del alumno que examina (en la parte inferior izquierda de la ficha) y anotar la fecha, el alumno apunta al inicio apellidos y nombres del alumno que le acompaña en el gabinete, su edad en esa fecha y mide la distancia naso pupilar de cada ojo, SÓLO de lejos.

1.1. Procedimiento metodológico para refracción básica

Se tiene que encender la luz del gabinete con el regulador en el número más alto (**luz natural equivalente o máxima iluminación**).

Agudeza Visual (AV)

Se mide en cada ojo, utilizando el oclusor y de forma binocular, **SIN COMPENSACIÓN**, para poder seleccionar el tipo de prueba subjetiva monocular para obtener la esfera más aproximada.[1,2]

Retinoscopía estática

Para tener un valor objetivo aproximado. Cada alumno debe hacer la retinoscopía estática (equivalente a la ametropía si es neta) con foróptero y **sin ocluir ningún ojo.** Para la realización de esta prueba, se debe utilizar la lente de retinoscopía de +1.50 D (lente R), de la rueda de accesorios, en el ojo a explorar. Así se consigue directamente el valor de la retinoscopía neta o ametropía de cada ojo[3].

Es necesario que neutralice primero con esfera el meridiano de mayor potencia positiva y con cilindro negativo, el segundo meridiano, con el eje paralelo a la franja. El tiempo máximo para esta exploración no puede ser mayor de 5 minutos por ojo para poder hacer el resto de pruebas. Si la retinoscopía no es perfecta no importa, pero si es imprescindible conocer qué agudeza visual tiene con la retinoscopía neta. **(Recordar quitar la lente de retinoscopía).**

Subjetivo monocular

Con esta prueba se debe conseguir la mejora de la AV utilizando lentes esféricas y cilíndricas. Empezar de CERO y según la AV se tendrá que hacer DONDERS o MIOPIZACIÓN (con AV mayor o igual a 0.4 debería hacer Miopización). Puede que cada ojo necesite un método diferente para el cálculo de la esfera por eso es conveniente, que cada alumno subraye para cada ojo el método utilizado[4].

Como bien indica la ficha, **si cada ojo alcanza la AV unidad o más sin compensación, no es necesario hacer el círculo horario, pero en caso contrario, se realiza CON MIOPIZACIÓN (AV 0.4 borroso) y se deja anotada la máxima AV con la esfera más positiva en la prueba del subjetivo monocular.**

Prueba del círculo horario

Es una prueba monocular y es preferible utilizar la regla del 30 con el círculo horario de Parent, para aliviar el tiempo. Para realizar esta prueba es necesario que el ojo esté miopizado y vea borrosa la AV de 0.4. En esas condiciones se pueden ver los trazos del optotipo de varias formas. En primer lugar, con todos los trazos igual de borroso señalando que no hay astigmatismo. Si un trazo es más negro que el resto, se escoge el número más bajo del trazo y se multiplica por 30. Con el eje puesto ponemos potencia del cilindro (siempre negativa en el foróptero) hasta igualar todos los trazos. Si hay 2 o más trazos, primero se coge el trazo central o la media de los trazos y éste valor es el que multiplicamos por 30. Hay otras opciones cuando no se consigue igualar a comprobar en prácticas.

En la prueba con cilindro cruzado de Jackson, vamos a afinar primero el eje del cilindro y después la potencia del mismo.

Verificación del eje del cilindro

Se parte de la fórmula esfero-cilíndrica obtenida con el método de Donders o por el método de miopización y se realiza de forma monocular. En el panel de optotipos, aislar una línea de letras de AV menor o inferior a la alcanzada por el método de Donders o por miopización (dos décimas por debajo de la AV máxima)[5,6].

Colocar el eje del CILINDRO CRUZADO DE JACKSON (CCJ) a 45º del eje del cilindro en el foróptero (alinear el mango o las ruedas del CCJ con el eje del cilindro en el foróptero) (Foto 1).

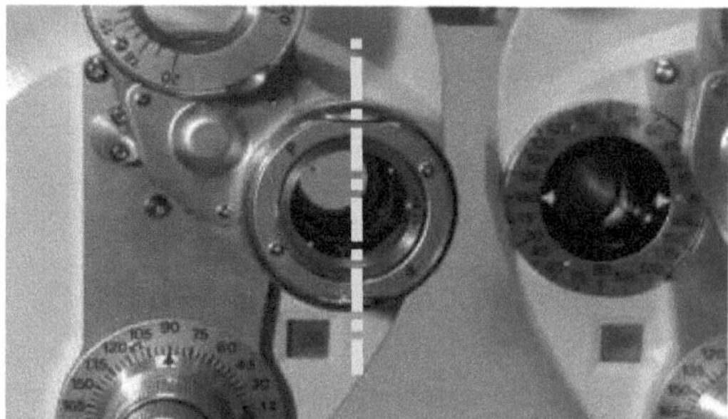

Foto 1. El trazo discontinuo representa las ruedas del CCJ en paralelo con el eje compensador del cilindro. Eje compensador está a 90º.

Voltear el cilindro cruzado y preguntar al sujeto en qué posición ve mejor los optotipos proyectados. Si las dos imágenes no son iguales, partimos de la imagen más nítida y movemos el eje del foróptero 5º hacia el cilindro negativo que contiene el cilindro cruzado. Se repite hasta igualdad.

Verificación de la potencia cilíndrica

Colocar la lente del CILINDRO CRUZADO de tal manera que un eje (positivo o negativo) esté alineado con el eje del cilindro del foróptero (eje de la ametropía astigmática). (Foto 2) Voltear el cilindro cruzado[7,8].

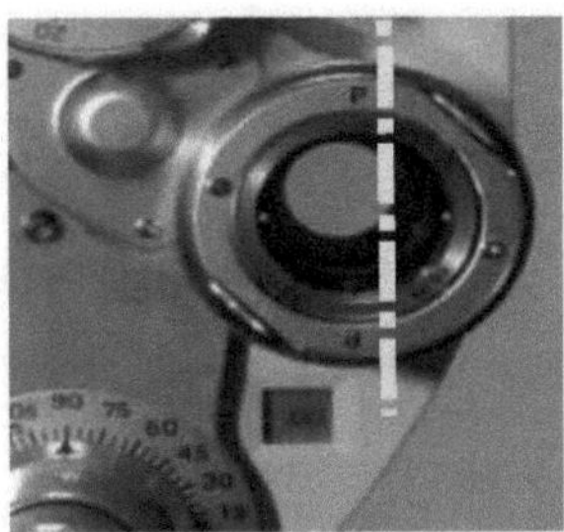

Foto 2. El trazo discontinuo representa la potencia del CCJ en paralelo con el eje compensador del cilindro. Eje compensador a 90°.

Si prefiere la imagen cuando el eje del cilindro está alineado con el punto rojo (eje cilindro negativo), **aumentar 0.25 D** de **potencia cilíndrica negativa** en el foróptero.

Si prefiere la imagen cuando el eje del cilindro está alineado con el punto blanco (eje cilindro positivo) **disminuir potencia cilíndrica negativa** en 0.25 D. En ambos casos, la potencia cilíndrica se cambia hasta igualdad.

Se debe anotar la esfera del método anterior (Donders y/o Miopización) monocularmente, la potencia y eje obtenidos, después de afinar en el ojo u ojos con cilindro y la AV alcanzada de forma monocular y binocular.

Verificación de esfera con el test de rejilla (cilindros cruzados estacionarios)

Se parte de la fórmula esfero-cilíndrica obtenida con las pruebas anteriores y se realiza de forma monocular.

Se proyecta el test y se coloca **el cilindro cruzado estacionario que se encuentra en la rueda de accesorios en el foróptero** (Foto 3).

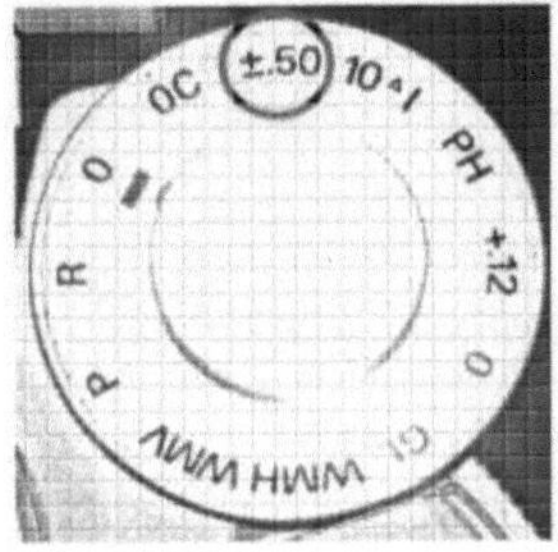
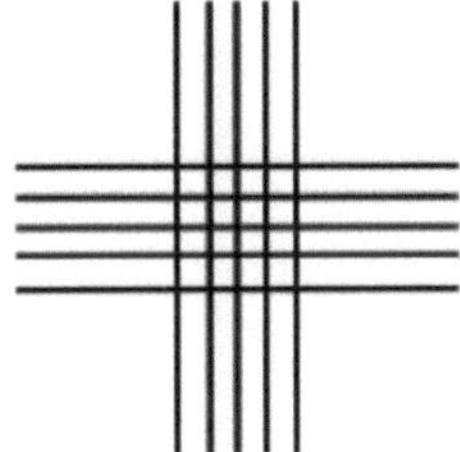

Foto 3. A la izquierda de la foto tenemos el cilindro cruzado estacionario de los accesorios del foróptero y a la derecha el test de rejilla.

Miopizar sobre su refracción con +1.00 D y confirmar que el paciente ve mejor o más negras las líneas verticales. Posteriormente, se reduce potencia esférica positiva en pasos de 0.25 D hasta igualdad.

Balance o equilibrio duocular con prismas

Sólo se realiza si durante la refracción monocular se ha alcanzado la misma AV en ambos ojos o existe una diferencia como máximo de 0.1 o una línea.

Se coloca en el foróptero, en ambos ojos, la refracción monocular para visión lejana hallada anteriormente, es decir, la potencia esférica más positiva obtenida por cualquiera de los métodos utilizados (Donders, miopización, rejilla…) que presente la mejor AV, y la potencia y eje del cilindro (en su caso).

Se emborrona cada ojo con +1.00 D y aislaremos una línea de letras de AV inferior en 2 décimas a la máxima alcanzada en la prueba monocular. Introducir en los diasporámetros un prisma de 3 Δ base superior en el ojo derecho (OD) y 3 Δ base inferior en el ojo izquierdo (OI) (también puede ser 3 Δ base inferior en el OD y 3 Δ base superior en el OI) (Foto 4)[2].

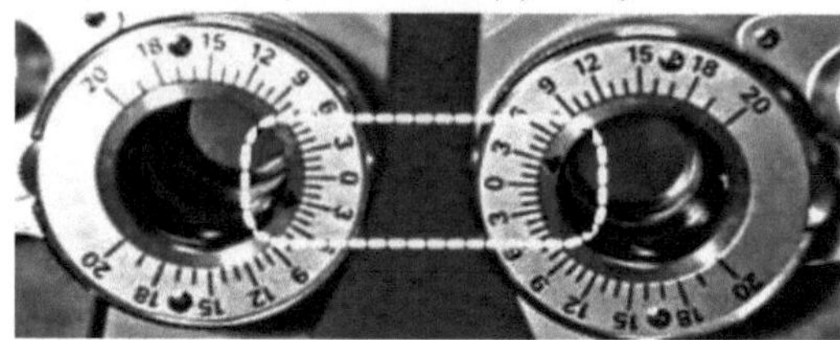

Foto 4. Dentro del trazo discontinuo se observan las potencias y bases de los prismas (3 Δ base abajo en OD y 3 Δ base arriba en OI)

El paciente debe ver 2 líneas de letras borrosas pero legibles. En el caso de no ver esta borrosidad aumentar o disminuir la miopización inicial. (Foto 5)

Foto 5. Dos opciones al Miopizar ambos ojos: 2 líneas borrosas o 1 más que la otra.

Si no ve las dos imágenes iguales, añadir esferas en pasos de +0.25 D en el ojo que ve menos borroso (más nítido) hasta igualdad.

Se retiran los prismas y disminuimos potencia positiva en ambos ojos hasta alcanzar la máxima AV binocular.

Miopización binocular

Cuando no se puede realizar el equilibrio duocular, se incrementan en ambos ojos una esfera de +1 D. Aislar una línea de letras de AV menor o inferior a la alcanzada en la prueba monocular y reducir binocularmente potencia hasta la máxima AV para el máximo positivo.

Repetir: Correcto: **1 persona durante 1 hora cambian, entregan ficha**   **Prácticas 1**: Refracción con retinoscopía en ojo natural y subjetivo

Apellidos:______________________________________ Nombre:______________ Edad:______ DNPLOD:______ DNPLOI:______

AV monocular OD: ___________   **AV monocular OI:** ___________   **AV binocular:** ___________   (sin compensación)

Retinoscopía (con foróptero/ 5 min máx.) OD: ___________ esf ___________ cil a ______ º   AV: ___________

Retinoscopía (con foróptero/ 5 min máx.) OI: ___________ esf ___________ cil a ______ º   AV: ___________

Subjetivo monocular: **Donders OD/OI o miopización OD/OI** (subraya la opción elegida)

Para alcanzar máxima AV utilizando a partir de AV= 0,4 (borrosa) el círculo horario

Círculo horario (para AV= 0,4 borrosa). (Excepto cuando la AV sin compensación es igual o mayor de 1, en este caso no hay astigmatismo)

Continuar con Subjetivo monocular

OD: ___________ esf ___________ cil a ______ º   AV: ___________

OI: ___________ esf ___________ cil a ______ º   AV: ___________   AV binocular: ___________

Afinar eje con cilindro cruzado de Jackson (con el cilindro que se obtiene en el círculo horario)

OD: ___________ esf ___________ cil a ______ º   AV: ___________

OI: ___________ esf ___________ cil a ______ º   AV: ___________   AV binocular: ___________

Afinar esfera con test de rejilla (con el cilindro afinado y esfera anterior)

OD: ___________ esf ___________ cil a ______ º   AV: ___________

OI: ___________ esf ___________ cil a ______ º   AV: ___________   AV binocular: ___________

BALANCE O EQUILIBRIO DUOCULAR CON PRISMAS (AV iguales ambos ojos o diferencia de 0.1 o una línea del optotipo) o MIOPIZACIÓN BINOCULAR

OD: ___________ esf ___________ cil a ______ º   AV: ___________

OI: ___________ esf ___________ cil a ______ º   AV: ___________   AV binocular: ___________

Examinador: ______________________________________   Fecha: ___ / ___ / ______

Imagen 1. Ficha de la práctica 1 de refracción básica con retinoscopía en ojo natural y subjetivo.

PRÁCTICA 2

REFRACCIÓN CON RETINOSCOPÍA EN OJO NATURAL Y SUBJETIVO.

VIDEO 1: REALIZACIÓN DE UNA FICHA DE REFRACCIÓN SEGÚN PRÁCTICA 1.

Requisitos: **LA FICHA TIENE QUE SER EVALUADA EL MISMO DIA (Imagen 2)**

Se hace con el mismo grupo que en la práctica 1 por gabinete y se graba el video de la refracción con retinoscopía en ojo natural y subjetivo.

ELABORACIÓN de la película.

Consiste en grabar en bruto con un Smartphone, un compañero o compañeros del grupo, con las secuencias necesarias para completar los distintos apartados de la práctica y se pasa a la edición.

El video será realizado durante la práctica 2 en los laboratorios. Se puede usar atrezo y material externo para la grabación. Se podrá traer portátil para la grabación y edición o cualquier otro dispositivo que cada grupo estime oportuno. Es conveniente la pre visualización por parte del profesor del material a editar y obligatorio una vez editado.

GUIÓN PARA EL VIDEO

Los pasos a seguir son tal cual vienen en la ficha y en el mismo orden, haciendo cada alumno la ficha completa para no distraerse. En esta práctica se graba la realización de una ficha que deben hacer los dos alumnos que no la hicieron en la práctica 1. El resto de alumnos participa en la grabación con Smartphone y todos en la edición del video en español con las instrucciones al final de esta práctica.

Siguiendo con la práctica y mientras se graba, después de anotar el nombre del alumno que examina (en la parte inferior izquierda de la ficha) y anotar la fecha, el alumno apunta al inicio apellidos y nombres del alumno que le acompaña en el gabinete, su edad en esa fecha y mide la distancia naso pupilar de cada ojo, SÓLO de lejos.

Con la luz del gabinete encendida del todo (**luz natural equivalente o máxima iluminación**), debe medir la agudeza visual (AV) de cada ojo, utilizando el oclusor y de forma binocular, SIN COMPENSACIÓN, para poder clasificar el tipo de prueba subjetiva a utilizar[1,2].

S hace la retinoscopía estática en el ojo natural con foróptero y **sin ocluir ningún ojo.** Para la realización de esta prueba, se debe utilizar la lente de retinoscopía de +1.50 D (lente R), de la rueda de accesorios, en el ojo a explorar. Así se consigue directamente el valor de la retinoscopía neta o ametropía de cada ojo[3]. **Es necesario que neutralice primero con esfera el meridiano de mayor potencia positiva y con cilindro negativo, el segundo meridiano, con el eje paralelo a la franja.** El tiempo máximo para esta exploración no puede ser mayor de 5 minutos por ojo para poder hacer el resto de pruebas. Si la retinoscopía no es perfecta no importa, pero si es imprescindible conocer qué agudeza visual tiene con la retinoscopía neta. **(Cuidado que en este paso el alumno deja puesta la lente de retinoscopía –recordadlo-).**

En el subjetivo monocular se debe conseguir la mejora de la AV utilizando lentes esféricas y cilíndricas. Empezar de CERO y según la agudeza visual deberá hacer Donders o miopización (con AV mayor o igual a 0.4 debería hacer miopización). Puede que cada ojo necesite un método diferente para el cálculo de la esfera por eso es conveniente, que cada alumno subraye para cada ojo el método utilizado[4].

Como bien indica la ficha, **si cada ojo alcanza la AV unidad o más sin compensación, no es necesario hacer el círculo horario, pero en caso contrario, se realiza CON MIOPIZACIÓN (AV 0.4 borroso) y se deja anotada la máxima AV con la esfera más positiva en la prueba del subjetivo monocular.**

La prueba del círculo horario es monocular y es preferible utilizar la regla del 30 con el círculo horario de Parent, para aliviar el tiempo.

En la prueba con cilindro cruzado de Jackson, vamos a afinar primero el eje del cilindro y después la potencia del mismo.

Verificación del eje del cilindro. Se parte de la fórmula esfero-cilíndrica obtenida con el método de Donders o por el método de miopización y se realiza de forma monocular.

En el panel de optotipos, aislar una línea de letras de AV menor o inferior a la alcanzada por el método de Donders o por miopización (dos décimas por debajo de la AV máxima)[5,6].

Colocar el eje del CILINDRO CRUZADO DE JACKSON (CCJ) a 45º del eje del cilindro en el foróptero (alinear el mango o las ruedas del CCJ con el eje del cilindro en el foróptero). (Foto 1)

Voltear el cilindro cruzado y preguntar al sujeto en qué posición ve mejor los optotipos proyectados. Si las dos imágenes no son iguales, partimos de la imagen más nítida y movemos el eje del foróptero 5º hacia el cilindro negativo que contiene el cilindro cruzado. Se repite hasta igualdad.

Verificación de la potencia cilíndrica. Colocar la lente del CILINDRO CRUZADO de tal manera que un eje (positivo o negativo) esté alineado con el eje del cilindro del foróptero (eje de la ametropía astigmática). (Foto 2) Voltear el cilindro cruzado[7,8]

Si prefiere la imagen cuando el eje del cilindro está alineado con el punto rojo (eje cilindro negativo), aumentar 0.25 D de potencia cilíndrica negativa en el foróptero.

Si prefiere la imagen cuando el eje del cilindro está alineado con el punto blanco (eje cilindro positivo) disminuir potencia cilíndrica negativa en 0.25 D.

En ambos casos, la potencia cilíndrica se cambia hasta igualdad.

Se debe anotar la esfera del método anterior (Donders y/o Miopización) monocularmente, la potencia y eje obtenidos, después de afinar en el ojo u ojos con cilindro y la AV alcanzada de forma monocular y binocular.

Verificación de esfera con el test de rejilla (cilindros cruzados estacionarios). Se parte de la fórmula esfero-cilíndrica obtenida con las pruebas anteriores y se realiza de forma monocular.

Se proyecta el test y se coloca **el cilindro cruzado estacionario que se encuentra en la rueda de accesorios en el foróptero** (Foto 3).

Miopizar sobre su refracción con +1.00 D y confirmar que el paciente ve mejor o más negras las líneas verticales. Posteriormente, se reduce potencia esférica positiva en pasos de 0.25 D hasta igualdad.

Balance o equilibrio duocular con prismas. Sólo se realiza si durante la refracción monocular se ha alcanzado la misma AV en ambos ojos o existe una diferencia como máximo de 0.1 o una línea.

Se coloca en el foróptero, en ambos ojos, la refracción monocular para visión lejana hallada anteriormente, es decir, la potencia esférica más positiva obtenida por cualquiera de los métodos utilizados (Donders, miopización, rejilla...) que presente la mejor AV, y la potencia y eje del cilindro (en su caso).

Se emborrona cada ojo con +1.00 D y aislaremos una línea de letras de AV inferior en 2 décimas a la máxima alcanzada en la prueba monocular. Introducir en los diasporámetros un prisma de 3 Δ base superior en el ojo derecho (OD) y 3 Δ base inferior en el ojo izquierdo (OI) (también puede ser 3 Δ base inferior en el OD y 3 Δ base superior en el OI) (Foto 4)[2].

El paciente debe ver 2 líneas de letras borrosas pero legibles. En el caso de no ver esta borrosidad aumentar o disminuir la miopización inicial. (Foto 5).

Si no ve las dos imágenes iguales, añadir esferas en pasos de +0.25 D en el ojo que ve menos borroso (más nítido) hasta igualdad.

Se retiran los prismas y disminuimos potencia positiva en ambos ojos hasta alcanzar la máxima AV binocular.

Miopización binocular. Cuando no se puede realizar el equilibrio duocular, se incrementan en ambos ojos una esfera de +1.00 D. Aislar una línea de letras de AV menor o inferior a la alcanzada en la prueba monocular y reducir binocularmente potencia hasta la máxima AV para el máximo positivo.

EDICIÓN, EVALUACIÓN Y PUBLICACIÓN DEL VÍDEO 1 DE REFRACCIÓN CON RETINOSCOPÍA EN OJO NATURAL Y SUBJETIVO

EDICIÓN: debe incluir

- Título en español.

- Autores (alumnos que hacen el video y profesores de la asignatura: Ricardo Bernárdez, Gema Martínez, Francisco Prieto, Isabel Valcayo, Nuria Garzón y Vanesa Blázquez).

- Explicación de la prueba optométrica hablado en español incluyendo todos los apartados del guion.

- Créditos (actores, alumnos, laboratorios, asignatura, facultad y universidad).

- Frase con la Cesión de derechos de imagen de todos los implicados en español.

EVALUACIÓN

Consiste en puntuar la tarea, por parte del profesorado, en función de la fecha de entrega y su correcta ejecución.

Se puntúa con un 2 el video si se entrega en la práctica 4 y está todo CORRECTAMENTE

Se puntúa con un 1.5 si se entrega en la práctica 5 y está todo CORRECTAMENTE.

Se puntúa con un 1 si se entrega en la práctica 6 y está todo CORRECTAMENTE.

Se puntúa con un 0 si no se entrega en la práctica 6 o sigue estando mal hecho.

PUBLICACIÓN

Para recibir la puntuación indicada anteriormente, es obligatorio entregar al profesor y publicar en Facebook el video editado de la práctica 2.

Sólo se puede subir a Facebook una vez revisado por el profesorado y con su consentimiento. La entregar de una copia del video se hará a través del campus en el seminario de trabajo de las mismas. Se debe realizar una encuesta individual en el campus acerca de la actividad de los vídeos respondiendo a varias preguntas de forma anónima.

Repetir: Correcto: **1 persona durante 1 hora cambian, entregan ficha**   Prácticas 2: Refracción con retinoscopía en ojo natural y subjetivo. **VIDEO 1**

Apellidos:____ Nombre:_______________ Edad:_______ DNPLOD:______ DNPLOI:_______

AV monocular OD: ___________   **AV monocular OI:** ___________   **AV binocular:** ___________   (sin compensación)

Retinoscopía (con foróptero/ 5 min máx.) OD: _____________ esf _______________cil a _______º   AV: _________

Retinoscopía (con foróptero/ 5 min máx.) OI: _____________ esf _______________cil a _______º   AV:_________

Subjetivo monocular: Donders OD/OI o miopización OD/OI (subraya la opción elegida)

Para alcanzar máxima AV utilizando a partir de AV= 0,4 (borrosa) el círculo horario

Círculo horario (para AV= 0,4 borrosa). (Excepto cuando la AV sin compensación es igual o mayor de 1, en este caso no hay astigmatismo)

Continuar con Subjetivo monocular:

OD: _______________ esf _______________ cil a ______º   AV: ___________

OI: _______________ esf _______________ cil a ______º   AV: ___________   AV binocular: ____________

Afinar eje con cilindro cruzado de Jackson (con el cilindro que se obtiene en el círculo horario)

OD: _______________ esf _______________ cil a ______º   AV: ___________

OI: _______________ esf _______________ cil a ______º   AV: ___________   AV binocular: ____________

Afinar esfera con test de rejilla (con el cilindro afinado y esfera anterior)

OD: _______________ esf _______________ cil a ______º   AV: ___________

OI: _______________ esf _______________ cil a ______º   AV: ___________   AV binocular: ____________

BALANCE O EQUILIBRIO DUOCULAR CON PRISMAS (AV iguales ambos ojos o diferencia de 0.1 o una línea del optotipo) o MIOPIZACIÓN BINOCULAR

OD: _______________ esf _______________ cil a ______º   AV: ___________

OI: _______________ esf _______________ cil a ______º   AV: ___________   AV binocular: ____________

Examinador: ____   Fecha: ___ / ___ / _______

Imagen 2. Ficha de la práctica 2 de refracción básica con retinoscopía en ojo natural y subjetivo.

Se parte de la medida del auto refractómetro. Las parejas de alumnos por gabinete serán las mismas que en la práctica 2 repartidos 2 a 2 en 2 gabinetes distintos, y cada alumno tiene **1 h** para acabarla y entregarla. Se utiliza la ficha de la práctica 3 (Imagen 3).

Pruebas acomodativas

El paciente tiene que estar emetropizado para visión lejana. En présbitas la compensación tiene que ser la de visión próxima.[9,10]

Flexibilidad acomodativa

La prueba de la **flexibilidad acomodativa** estudia la habilidad del sistema visual para cambiar con facilidad el enfoque de la distancia lejana a la próxima y viceversa. Por tanto, valora la resistencia y eficacia de la respuesta acomodativa[11,12].

- Monocular para el diagnóstico de las alteraciones acomodativas, de esta forma los resultados quedan libres de la influencia de la visión binocular.

- Binocular para facilitar el diagnóstico de las alteraciones de vergencias.

Es habitual que esta medida se realice por medio de flippers con lentes de ± 2 D. El paciente emetropizado (con su refracción) y con el flipper en la mano del paciente, a una distancia de 40 cm del optotipo (**medir con metro**) y observando las letras de agudeza visual 0.8. El examinador mantiene y comprueba que la tarjeta del optotipo siempre está a 40 cm.

Se inicia la prueba con las lentes positivas de +2 D. Si es capaz de relajar su sistema acomodativo verá nítidas las letras de agudeza visual 0.8 con las lentes positivas, en este caso y **SIEMPRE QUE VEA NÍTIDO**, volteará el flipper y antepone las lentes negativas de -2 D. Si es capaz de estimular su sistema acomodativo verá nítidas las letras de agudeza visual 0.8 con las lentes negativas, de nuevo **Y SIEMPRE QUE VEA NÍTIDO** vuelve a voltear el flipper.

En visión binocular no puede ver doble antes de girar el flipper. Se voltean las lentes cada vez que el paciente vea nítido durante un periodo de tiempo de un minuto. El resultado se mide en ciclos/minuto, siendo **cada ciclo dos volteos**, uno con las lentes positivas y otro con las negativas.

Anotación. El valor obtenido se compara con el esperado o normal según la edad del paciente:

FA (cpm)	Monocular: 7 ± 2.5 Binocular: 5 ± 2.5	**Niños de 8 a 12 años**
FA (cpm)	Monocular: 11 ± 5 Binocular: 8 ± 5	**Adultos de 13 a 40 años**

Foto 6. Valores esperados para la flexibilidad acomodativa.

Fuentes de error

Acercar o alejar el test de fijación a una distancia más próxima de 40 cm durante la realización de la prueba.

Voltear el flipper cuando aún se mantiene borrosidad o ve doble en binocular al observar las letras de agudeza visual 0.8.

Acomodación relativa

La acomodación relativa valora la capacidad del sistema visual para relajar (lentes positivas) o estimular (lentes negativas) la acomodación manteniendo la convergencia fija a una distancia dada[13].

Paciente emetropizado para visión lejana. En présbitas con compensación en visión próxima.

Es conveniente instruir al paciente para que intente **mantener el test de fijación nítido y simple, obligándole** a mantener la convergencia en un determinado nivel mientras que se cambia la respuesta acomodativa al añadir de forma gradual en ambos ojos lentes positivas o negativas.

Procedimiento de la acomodación relativa negativa

El paciente observa las letras de agudeza visual 0.8 del optotipo situado a 40 cm. Simultáneamente en ambos ojos y de forma **RÁPIDA** se introduce lentes esféricas positivas hasta primera borrosidad, cambio de nitidez o de forma. El valor de la lente positiva anterior a la primera borrosidad o cambio

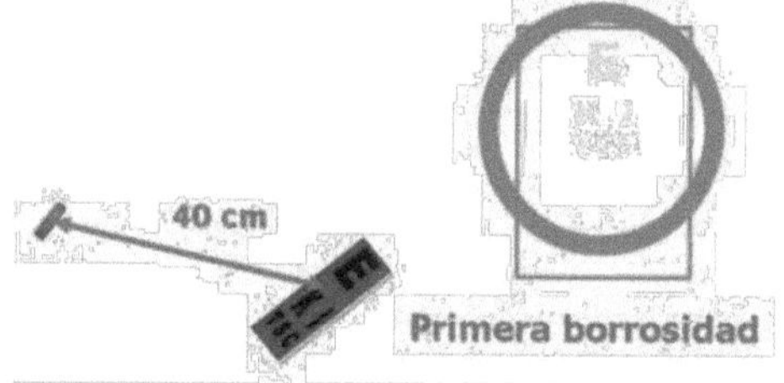

de nitidez nos determina la acomodación relativa negativa (ARN)[4].

Foto 7. ARN (Se utilizan lentes positivas hasta la primera borrosidad)

Si valoramos ARN en **FORÓPTERO** hay que considerar la ametropía del sujeto.

Ejemplo:

Miope de -4.50 D. Distancia 40 cm. Primera borrosidad -2.25 D.

Lente anterior a la primera borrosidad -2.50 D.

Resultado ARN = +2.00 D

Anotación. El valor obtenido se compara con el esperado o normal. **ARN (D) = +2.00 ± 0.50**

Procedimiento de la acomodación relativa positiva

El paciente observa las letras de agudeza visual 0.8 del optotipo situado a 40 cm. Simultáneamente en ambos ojos y de forma **MUY RÁPIDA se** introduce **lentes esféricas negativas hasta primera borrosidad,** cambio de nitidez o de forma. El valor de la lente negativa anterior a la primera borrosidad o cambio de nitidez nos determina la acomodación relativa positiva (ARP)[1,2].

Foto 8. ARP (Se utilizan lentes negativas hasta la primera borrosidad)

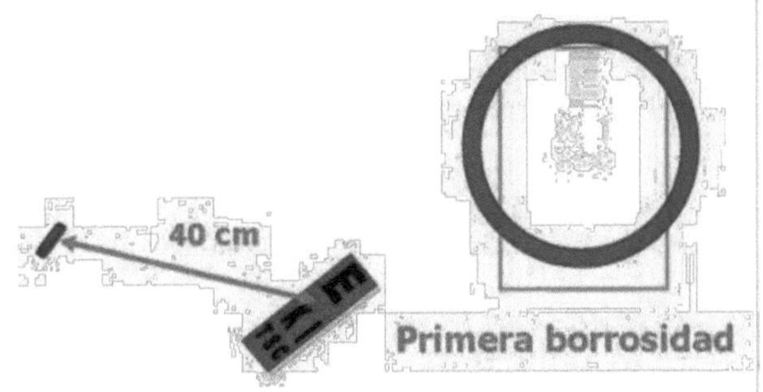

Si valoramos ARP en **FORÓPTERO** hay que considerar la ametropía del sujeto.

Ejemplos:

Miope de -4.50 D. Distancia 40 cm.

Primera borrosidad -7.00 D.

Lente anterior a la primera borrosidad -6.75 D.

Resultado ARP = -2.25 D

Anotación. El valor obtenido se compara con el esperado o normal. **ARP (D) = -2.37 ± 1.00**

Fuentes de error

Un valor bajo en ARN o en ARP no es en sí indicativo de una alteración acomodativa. No es un examen puramente acomodativo; por ello, hay que considerar que si el valor de borrosidad es bajo se puede recurrir a la estrategia de ocluir un ojo, y si las letras se aclaran en condiciones monoculares, la anomalía no es acomodativa, sino que el factor limitante es la visión binocular.

Si realizamos ARP lentamente los valores obtenidos serán muy superiores a la norma, sobre todo si el paciente es joven porque acomodará rápidamente.

Medida del Retraso acomodativo

El método de estimación monocular o retinoscopía MEM evalúa objetivamente la precisión de la respuesta acomodativa. El retraso acomodativo es la diferencia entre el estímulo y la respuesta acomodativa. Se obtiene hallando la diferencia dióptrica entre un determinado test de fijación colocado a una distancia concreta y el punto del espacio conjugado de la retina. Debido a la profundidad de foco del ojo, y a otros factores, la respuesta generalmente es menor que el estímulo acomodativo y por este motivo en la retinoscopía MEM se verán sombras directas. **Con luz normal en gabinete**[14,15].

Se realiza la retinoscopía en visión próxima a 40 cm, el paciente emetropizado observa con **ambos ojos** los dibujos o las letras de agudeza visual 0.8 del test de fijación. Se estima la cantidad dióptrica positiva o negativa necesaria para neutralizar el movimiento del reflejo observado, rápidamente se coloca una lente esférica delante del ojo examinado para confirmar la estimación. Es fundamental no dejar la lente puesta demasiado tiempo porque puede alterar la respuesta acomodativa, por **ELLO NO SE PUEDE REALIZAR CON FORÓPTERO (SE HACE CON LA REFRACCIÓN DE**

LEJOS EN GAFAS DE PRUEBA Y SE UTILIZAN LAS REGLAS DE ESQUIASCOPÍA).

Foto 9. MEM

Anotación. El valor obtenido se compara con el esperado. **MEM (D): +0.50 ± 0.25**

Fuentes de error

Si el paciente está hiper o hipocompensado, los resultados obtenidos se encuentran falseados.

Utilizar lente de esquiascopía.

Realizar la esquiascopía ocluyendo un ojo.

Cilindros cruzados fusionados o estacionario

Colocar **cilindros cruzados fusionados de la rueda de accesorios** o de Jackson (potencia ± 0.50 D con eje negativo a 90º) **en ambos ojos. (Foto 1)** Optotipo de rejilla a 40 cm. Sobre su refracción se incrementa potencia esférica de +1 D en ambos ojos para miopizar al sujeto (en présbitas +3 D). Comprobar que ve mejor o más negras las líneas verticales. Se reduce potencia esférica positiva en pasos de 0.25 hasta alcanzar la igualdad.

Amplitud de acomodación

La medida de la amplitud de acomodación nos permite cuantificar la máxima cantidad de acomodación disponible, siendo ésta el ajuste dióptrico realizado en el cristalino, a través de la contracción del músculo ciliar, para lograr una visión nítida del test de fijación. Se puede determinar con dos técnicas: Técnica de acercamiento y Técnica de las lentes negativas.[16]

Procedimiento de la técnica de acercamiento

Se parte de la compensación de lejos y la prueba se realiza en **monocular y con gafas de prueba.** Desde una distancia aproximada a 50 cm, empezaremos a mover el test acomodativo hacia la cara del paciente. La distancia desde el plano de las **GAFAS** hasta el punto en el que el paciente manifestó, por primera vez, ver borroso de forma mantenida las letras de agudeza visual 0.8, nos determinará el punto próximo de acomodación (PPA)[4].

La amplitud de acomodación será el inverso de esta distancia expresada en metros.

Punto próximo de acomodación (PP)

AA = 1 / PP

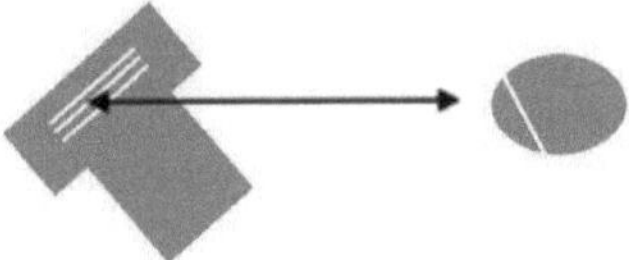

Foto 10. Punto próximo de acomodación.

Procedimiento de la técnica de alejamiento

Se parte de la compensación de lejos y la prueba se realiza en monocular y con gafas de prueba. El método se inicia interponiendo la tarjeta de fijación a una distancia muy próxima y se aleja progresivamente hasta que sea capaz de distinguir los dibujos o caracteres expuestos. La amplitud de acomodación será el inverso de esta distancia expresada en metros.

Anotación. El valor obtenido se compara con la fórmula de Hofstetter que nos determina el valor esperado de la amplitud de acomodación de acuerdo con su edad.

$$AA = 18 - 1/3 \; Edad \pm 2 \; D$$

Fuentes de error

Es importante medir de manera precisa la distancia a la cual el paciente observa borrosidad. Pequeños errores en la medida pueden llevar a grandes diferencias en los resultados. Por ejemplo, un punto final a 5 cm implica una amplitud de 20 D, mientras que una borrosidad a 6.25 cm indica una amplitud de 16 D.

Otro factor a considerar es el control de la respuesta del paciente: niños, personas de tercera edad.

Por último, un problema asociado a esta técnica es el aumento relativo del tamaño del test. Unas letras de agudeza visual 0.8 construidas para una distancia de 40 cm, equivalen al tamaño de unas letras de agudeza visual 0.4 a 20 cm o a unas de 0.2 a 10 cm, debido al aumento del ángulo que subtiende. Sin embargo, la tarjeta acomodativa la aproximamos al paciente manteniendo constante el tamaño de las letras, por lo tanto, el método de acercamiento sobreestima la amplitud acomodativa.

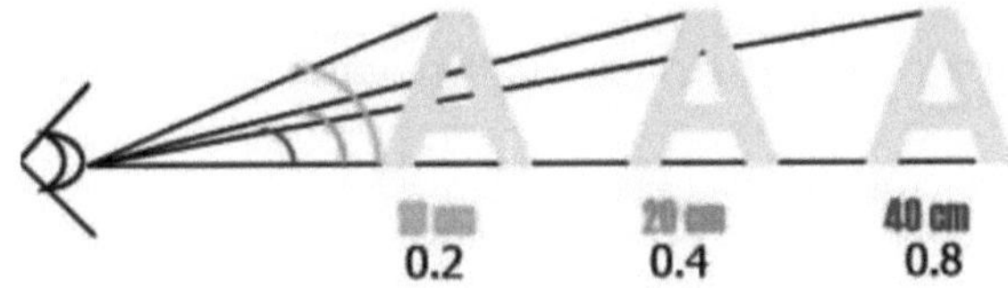

Foto 11. Efecto de aumento del ángulo subtendido.

Procedimiento de la técnica de la lente negativa

La técnica de la lente negativa es la más utilizada. La amplitud de acomodación se valora anteponiendo al paciente lentes negativas, en pasos de 0.25 D, sobre su compensación, hasta que reporte **emborronamiento total** en el test de presentación (letras de AV = 0.8) situado a una distancia de 40 cm.

Si valoramos la amplitud de acomodación monocular sobre las **GAFAS DE PRUEBAS** (con la compensación del paciente) ésta vendrá determinada por la potencia de la lente anterior a la borrosidad total (añadida encima de su ametropía) cambiada de signo, sumada a la potencia correspondiente a la distancia de trabajo.

$$AA\ (D) = Lente\ anterior\ a\ borrosidad\ total\ cambiada\ de\ signo\ (D) + 1/d\ (m)$$

También se puede expresar como:

$$AA\ (D) = -\ (lente\ anterior\ a\ borrosidad\ total\ con\ su\ signo) + 1/d\ (m)$$

Si valoramos la amplitud de acomodación monocular en **FORÓPTERO** hay que considerar la ametropía del sujeto.

Ejemplos:

1. Miope de -4.50 D. Borrosidad total con lente de -8.25 D. Distancia 40 cm

$$AA = -4.50 +8.00 +2.50 = 6.00\ D$$

2. Hipermétrope de +8.00 D. Borrosidad total +1.25. Distancia 40 cm

$$AA = +8.00 - 1.50 + 2.50 = 9.00\ D$$

3. Hipermétrope de +2.00 D. Borrosidad total -3.50. Distancia 40 cm

$$AA = +2.00 + 3.25 + 2.50 = 7.75\ D$$

Anotación. El valor obtenido se compara con la fórmula de Höffstetter que nos determina el valor esperado de la amplitud de acomodación de acuerdo con su edad. **AA = 18 − 1/3 Edad ± 2 D.** Algunos estudios indican que la medida de la AA con la técnica de la lente negativa es 2 D inferior a la obtenida con la técnica de acercamiento.

Fuentes de error

Hay que considerar que cuando se ve el optotipo a través de las lentes negativas se produce un empequeñecimiento de las letras, que conlleva un hipo estimación de la amplitud de acomodación medida.

Si el paciente es capaz de distinguir las letras dentro de su borrosidad se debe añadir lente negativa, el emborronamiento de las letras del optotipo de fijación debe ser total si queremos cuantificar la máxima cantidad de acomodación disponible.

Repetir: Correcto: 1 persona durante 1 hora   Práctica 3 : Autorrefractómetro y medidas directas acomodativas.

Apellidos:____ Nombre:_____________   Edad:________ DNPLOD:______ DNPLOI:_______

Autorrefractómetro con el mismo compañero de la práctica 2

OD: _________________ esf ______________ cil a ______º   AV: __________

OI: _________________ esf ______________ cil a ______º   AV: __________   AV binocular: ____________

Pruebas acomodativas

ARN: ________   ARP: _________ Hasta primera borrosidad, cambio de nitidez o tamaño (lente anterior). En foróptero y hay que considerar la ametropía.

Cilindros cruzados fusionados: OD________ OI_________ AO_________   Adición $= \dfrac{ARN + ARP}{2} =$

AA (M. de lente negativa): OD______ (cm)/ OI_____ (cm)   OD (D) ___________/ OI (D) _________

Con foróptero: *AAOD (D) =ametropía + (Lente anterior o borrosidad total cambiada de signo) + 1/d (m). AAOI (D) =ametropía + (Lente anterior o borrosidad total cambiada de signo) + 1/d (m)*

Flexibilidad acomodativa: Lentes ± 2 D   FAOD: _______ cpm   FAOI: _______ cpm   FABinocular: ________ cpm

MEM: OD______/OI______

Amplitud de acomodación:

Gafas de prueba. Se mide distancia de borrosidad mantenida al acercar el optotipo y se anota la inversa de esa distancia en metros.

AA (M. de acercamiento): OD _____(cm)/ OI_____ (cm)   OD (D) ___________/ OI (D) __________

Gafas de prueba. Se mide distancia cuando alejamos el optotipo y se ve nítido por primera vez, se anota la inversa de esa distancia en metros.

AA (M. de alejamiento): OD______ (cm)/ OI_____ (cm)   OD (D) ___________/ OI (D) __________

Examinador: ____   Fecha: ___ / ___ / _______

Imagen 3. Ficha de la práctica 3 de Autorrefractómetro y medidas directas acomodativas.

PRIMERA FECHA DE ENTREGA DEL VIDEO 1 (2 PUNTOS POR ENTREGAR CORRECTAMENTE)

En parejas por cada gabinete. Cada alumno tiene **2 horas** para acabarla y entregarla (Imagen 4)

Comenzamos haciendo retinoscopía en foróptero, 5 minutos en cada ojo. Comprobamos AV, **pedimos al profesor que lo compruebe** y partimos del valor obtenido en retinoscopía.

Afinar eje y potencia con cilindro cruzado de Jackson, en su caso.

Afinar potencia esférica con prueba del bicromático o rejilla.

Bicromático

(Foto 12) Optotipo rojo-verde y luz atenuada. Incrementar potencia esférica de +1.00 D para miopizar al sujeto. Comprobar que ve mejor las letras sobre fondo rojo. Reducir potencia esférica

positiva hasta igualdad, sino alcanza igualdad nos quedamos con el valor más positivo[4].

Foto 12. Optotipo bicromático.

Equilibrio duocular

Sólo si durante la refracción monocular se ha alcanzado la misma AV en ambos ojos o existe una diferencia como máximo de 0,1 o una línea. Se emborrona cada ojo con +1,00 D respectivamente, (los dos ojos abiertos). Aislamos una línea de letras de AV menor o inferior a la alcanzada en monocular (aprox. 0.6). Se coloca un prisma de 3 Δ base superior en un ojo y de 3 Δ base inferior en el otro. Se añaden esferas en pasos de +0.25 D en el ojo que ve menos borroso, (más nítido) hasta igualar AV. SE RETIRAN LOS PRISMAS. Disminuir potencia en ambos ojos en pasos de 0.25 D hasta alcanzar la máxima AV binocular (obligando al paciente a leer). Solo quitamos 0.25 D si el paciente no es capaz de leer la siguiente línea[3].

Miopización o fogging binocular

Cuando no se puede realizar el equilibrio duocular, se incrementan en ambos ojos una esfera de +1.00 D. Aislar una línea de letras de AV menor o inferior a la alcanzada en la prueba monocular. Se reduce binocularmente potencia hasta la máxima AV para el máximo positivo.

Pruebas acomodativas

Paciente **emetropizado** para visión lejana. En présbitas con compensación en visión próxima.

Flexibilidad acomodativa. El paciente emetropizado y con el flipper en la mano, a una distancia de 40 cm y observando las letras de agudeza visual 0.8. Las medidas se realizan en monocular y en binocular. Comenzamos la medida con las lentes positivas. Pedimos al paciente que nos avise cuando pueda ver nítidas las letras, en ese momento volteamos el Flipper pidiéndole que aclare las lentes negativas. Realizamos la prueba durante un minuto. El resultado se mide en ciclos/minuto, siendo cada ciclo dos volteos, uno con las lentes positivas y otro con las negativas.

Anotación. Si el valor obtenido **es menor de 6 ciclos/minuto en monocular** hay que anotar si el paciente falla con: lentes positivas, lentes negativas o con ambas. Si el valor obtenido **es menor de 3 ciclos/minuto en binocular** hay que anotar si el paciente falla con: lentes positivas, lentes negativas o con ambas. Ejemplo: FOD 2⁺ (significa que falla con lentes positivas).

Acomodación relativa

Hay que instruir al paciente para que intente **mantener el test de fijación nítido y simple,** obligándole a mantener la convergencia en un determinado nivel mientras que se cambia la respuesta acomodativa al añadir de forma gradual en ambos ojos lentes positivas o negativas.

El paciente emetropizado, con el test a una distancia de 40 cm y observando las letras de agudeza visual 0.8

PARA CALCULAR ARN

Simultáneamente en ambos ojos y de forma **rápida** se introduce lentes esféricas positivas **hasta primera borrosidad, cambio de nitidez o de forma.** El valor de la lente positiva anterior a la primera borrosidad o cambio de nitidez nos determina la acomodación relativa negativa (ARN).

Si valoramos ARN en **FORÓPTERO** hay que considerar la ametropía del sujeto.

Ejemplos:

Hipermétrope +2.50 D. Distancia 40 cm. Primera borrosidad +4.50 D. Lente anterior a la primera borrosidad +4.25 D.

$$\text{Resultado ARN} = +1.75 \text{ D}$$

Miope de -1.50. Distancia 40 cm. Primera Borrosidad +0.75 D. lente anterior a la primera borrosidad +0.50 D

$$\text{Resultado ARN}: +2.00 \text{ D}$$

Anotación. El valor obtenido se compara con el esperado o normal. **ARN (D) = +2.00 ± 0.50**

PARA CALCULAR ARP

Simultáneamente en ambos ojos y de forma **muy rápida** se introduce lentes esféricas negativas **hasta primera borrosidad, cambio de nitidez o de forma.** El valor de la lente negativa anterior a la primera borrosidad o cambio de nitidez nos determina la acomodación relativa negativa (ARP).

Si valoramos ARP en **FORÓPTERO** hay que considerar la ametropía del sujeto. Ejemplos:

Ejemplos:

Hipermétrope de +1.00 D. Distancia 40 cm. Primera borrosidad -2.25 D. Lente anterior a la primera borrosidad -2.00 D.

$$\text{Resultado ARP} = -3.00 \text{ D}$$

Miope de -2.00. Distancia 40 cm. Primera Borrosidad -5.00 D. Lente anterior a la primera borrosidad -4.75

Resultado ARP= -2.75 D

Anotación. El valor obtenido se compara con el esperado o normal. **ARP (D) = -2.37 ± 1.00**

ADICIÓN = (ARN + ARP) /2

Medida del Retraso acomodativo mediante el método de estimación monocular (MEM)

Paciente con ambos ojos abiertos y emetropizado con su refracción en gafa de prueba. Se realiza la retinoscopía en visión próxima a 40 cm, el paciente observa los dibujos o las letras de agudeza visual 0.8 del test de fijación. Se estima la cantidad dióptrica positiva o negativa necesaria para neutralizar el movimiento del reflejo observado, rápidamente se coloca una lente esférica delante del ojo examinado para confirmar la estimación. Es fundamental no dejar la lente puesta demasiado tiempo porque puede alterar la respuesta acomodativa, por ello no se puede realizar con foróptero.

Anotación. El valor obtenido se compara con el esperado. **MEM (D): +0.50 ± 0.25**

Fuentes de error

Si el paciente está hiper o hipo compensado, los resultados obtenidos se encuentran falseados.

Utilizar lente de esquiascopía.

Realizar la esquiascopía ocluyendo un ojo.

Cilindros cruzados fusionados o estacionario

Colocar cilindros cruzados fusionados **(de la rueda de accesorios)** o Jackson con eje negativo a 90º **en ambos ojos.** Optotipo de rejilla situado a 40 cm. Sobre la refracción del paciente se incrementa la potencia esférica en +1 D para miopizar al sujeto (en présbitas +3 D). Comprobar que ve mejor o más negras las líneas verticales. Se reduce potencia esférica positiva en pasos de 0.25 hasta alcanzar la igualdad. En caso de ambliopía o disparidad acomodativa se tendrá que realizar la prueba de forma monocular y anotar cada adición por separado.

Anotación. El valor obtenido se compara con el esperado. **CCF (D): +0.50 ± 0.25**

Amplitud de acomodación (AA)

Procedimiento de la técnica de acercamiento

Desde una distancia aproximada de 50 cm, empezaremos a mover el test acomodativo de AV 0.8 hacia el paciente. La distancia desde el plano de las GAFAS hasta el punto en el que el paciente manifestó, por primera vez, ver borroso de forma mantenida las letras, determinará el punto próximo de acomodación (PPA). *La amplitud de acomodación será el inverso de esta distancia expresada en metros.*

Procedimiento de la técnica de alejamiento

El método se inicia interponiendo la tarjeta de fijación a una distancia muy próxima y se aleja progresivamente hasta que sea capaz de distinguir o ver nítido por primera vez los dibujos o caracteres expuestos. Tomamos la distancia y su inversa nos dará la AA

Anotación. El valor obtenido se compara con la fórmula de Hofstetter que nos determina el valor esperado de la amplitud de acomodación de acuerdo con su edad.   **AA = 18 – 1/3 Edad ± 2 D**

Procedimiento de la técnica de la lente negativa

Se valora anteponiendo al paciente lentes negativas, en pasos de 0.25 D, sobre su compensación, hasta que reporte **emborronamiento total en** el test de presentación (letras de AV = 0.8) situado a una distancia de 40 cm. Si valoramos la amplitud de acomodación en **FORÓPTERO** hay que considerar la ametropía del sujeto.

Ejemplo:

Miope de -1.50 D. Borrosidad total con lente de -9.25 D. Distancia 40 cm

$$AA = -1.50 +9.00 +2.50 = 10 \ D$$

Anotación. El valor obtenido se compara con la fórmula de Hofstetter que nos determina el valor esperado de la amplitud de acomodación de acuerdo con su edad. **AA = 18 – 1/3 Edad ± 2 D.**

Repetir: Correcto: **1 persona durante 2 horas, entrega ficha**   **Prácticas 4** : Refracción con Retinoscopía y medidas directas acomodativas.

Apellidos:_______________________________________ Nombre:_______________ Edad:_______ DNPLOD:_______ DNPLOI:________

AV monocular OD: _____________   AV monocular OI: _____________   AV binocular: _____________   (sin compensación)

Retinoscopía (con foróptero/ 5 min máx.) OD: ________________ esf _______________ cil a ________ º   AV: __________

Retinoscopía (con foróptero/ 5 min máx.) OI: ________________ esf _______________ cil a ________ º   AV:__________

| ENSEÑAR AL PROFESOR PARA PUNTUAR | NOTA RETINOSCOPÍA: ___________ |

Afinar eje con cilindro cruzado de Jackson

OD: __________ esf __________ cil a ______º   AV: ____   OI: __________ esf __________ cil a ______º AV: ___

Afinar esfera con prueba del bicromático o rejilla

OD: __________ esf __________ cil a ______º   AV: ____   OI: __________ esf __________ cil a ______º AV: ___   **AV binocular:** ______

Equilibrio duocular para obtener la refracción binocular final

OD: __________ esf __________ cil a ______º   AV: ____   OI: __________ esf __________ cil a ______º AV: ___   **AV binocular:** ______

Pruebas acomodativas

ARN: ________   ARP: _________ Hasta **primera borrosidad, cambio de nitidez o tamaño** (lente anterior). En foróptero y hay que considerar la ametropía.

Cilindros cruzados fusionados: OD________ OI_________ AO_________   **Adición** = A$\underline{RN}$ + A$\underline{RP}$ =

$$\frac{}{2}$$

AA (M. de lente negativa): OD_______ (cm)/ OI______ (cm)   OD (D) ___________/ OI (D) ___________

Con foróptero: *AAOD (D) =ametropía + (Lente anterior a borrosidad total cambiada de signo) + 1/d (m). AAOI (D) =ametropía + (Lente anterior a borrosidad total cambiada de signo) + 1/d (m)*

Flexibilidad acomodativa: Lentes ± 2 D   FAOD: ________ cpm   FAOI: ________ cpm   FABinocular: _________ cpm

MEM: OD______/OI______

AA (M. de acercamiento): OD ______(cm)/ OI______ (cm)   OD (D) ___________/ OI (D) __________

AA (M. de alejamiento): OD_______ (cm)/ OI______ (cm)   OD (D) ___________/ OI (D) __________

| **Refracción final**   OD: _______ esf _____cil a ____ º AV: ______   OI: _______ esf _____ cil a ___º AV: ______ Ametropía: |

Examinador: ____   Fecha: ___/___/ ________

Imagen 4. Ficha de la práctica 4 de refracción con retinoscopía y medidas directas acomodativas.

<u>**SEGUNDA FECHA DE ENTREGA DEL VIDEO 1 (1.5 PUNTOS POR ENTREGAR CORRECTAMENTE)**</u>

En parejas por cada gabinete. Cada alumno tiene **2 horas** para acabarla y entregarla. (Imagen 5)

Comenzamos haciendo retinoscopía en foróptero, 5 minutos en cada ojo. Comprobamos AV, **pedimos al profesor que lo compruebe** y partimos del valor obtenido en retinoscopía.

Afinar eje y potencia con cilindro cruzado de Jackson, en su caso.

Afinar potencia esférica con prueba del bicromático o rejilla.

Bicromático

Optotipo rojo-verde y luz atenuada. Incrementar potencia esférica de +1 D para miopizar al sujeto. Comprobar que ve mejor las letras sobre fondo rojo. Reducir potencia esférica positiva hasta igualdad, sino alcanza igualdad nos quedamos con el valor más positivo.

Equilibrio duocular

Sólo si durante la refracción monocular se ha alcanzado la misma AV en ambos ojos o existe una diferencia como máximo de 0,1 o una línea. Se emborrona cada ojo con +1,00 D respectivamente, (los dos ojos abiertos). Aislamos una línea de letras de AV menor o inferior a la alcanzada en monocular (aprox. 0.6). Se coloca un prisma de 3 Δ base superior en un ojo y de 3 Δ base inferior en el otro. Se añaden esferas en pasos de +0.25 D en el ojo que ve menos borroso, (más nítido) hasta igualar AV. SE RETIRAN LOS PRISMAS. Disminuir potencia en ambos ojos en pasos de 0.25 D hasta alcanzar la máxima AV binocular (obligando al paciente a leer). Solo quitamos 0.25 D si el paciente no es capaz de leer la siguiente línea

Miopización o fogging binocular

Cuando no se puede realizar el equilibrio duocular, se incrementan en ambos ojos una esfera de +1.00 D. Aislar una línea de letras de AV menor o inferior a la alcanzada en la prueba monocular. Se reduce binocularmente potencia hasta la máxima AV para el máximo positivo.

Pruebas acomodativas

Paciente **emetropizado** para visión lejana. En présbitas con compensación en visión próxima.

Flexibilidad acomodativa

El paciente emetropizado y con el flipper en la mano, a una distancia de 40 cm y observando las letras de agudeza visual 0.8. Las medidas se realizan en monocular y en binocular. Comenzamos la medida con las lentes positivas. Pedimos al paciente que nos avise cuando pueda ver nítidas las letras, en ese momento volteamos el Flipper pidiéndole que aclare las lentes negativas. Realizamos la prueba durante un minuto. El resultado se mide en ciclos/minuto, siendo cada ciclo dos volteos, uno con las lentes positivas y otro con las negativas.

Anotación. Si el valor obtenido **es menor de 6 ciclos/minuto en monocular** hay que anotar si el paciente falla con: lentes positivas, lentes negativas o con ambas. Si el valor obtenido **es menor de**

3 ciclos/minuto en binocular hay que anotar si el paciente falla con: lentes positivas, lentes negativas o con ambas. Ejemplo: FOD 2⁺ (significa que falla con lentes positivas).

Acomodación relativa

Hay que instruir al paciente para que intente **mantener el test de fijación nítido y simple,** obligándole a mantener la convergencia en un determinado nivel mientras que se cambia la respuesta acomodativa al añadir de forma gradual en ambos ojos lentes positivas o negativas.

El paciente emetropizado, con el test a una distancia de 40 cm y observando las letras de agudeza visual 0.8

PARA CALCULAR ARN

Simultáneamente en ambos ojos y de forma **rápida** se introduce lentes esféricas positivas **hasta primera borrosidad, cambio de nitidez o de forma.** El valor de la lente positiva anterior a la primera borrosidad o cambio de nitidez nos determina la acomodación relativa negativa (ARN).

Si valoramos ARN en **FORÓPTERO** hay que considerar la ametropía del sujeto.

Ejemplos:

Hipermétrope +2.50 D. Distancia 40 cm. Primera borrosidad +4.50 D. Lente anterior a la primera borrosidad +4.25 D.

Resultado ARN = +1.75 D

Miope de -1.50. Distancia 40 cm. Primera Borrosidad +0.75 D. lente anterior a la primera borrosidad +0.50 D

Resultado ARN: +2.00 D

Anotación. El valor obtenido se compara con el esperado o normal. **ARN (D) = +2.00 ± 0.50**

PARA CALCULAR ARP

Simultáneamente en ambos ojos y de forma **muy rápida** se introduce lentes esféricas negativas **hasta primera borrosidad, cambio de nitidez o de forma.** El valor de la lente negativa anterior a la primera borrosidad o cambio de nitidez nos determina la acomodación relativa negativa (ARP).

Si valoramos ARP en **FORÓPTERO** hay que considerar la ametropía del sujeto. Ejemplos:

Ejemplos:

Hipermétrope de +1.00 D. Distancia 40 cm. Primera borrosidad -2.25 D. Lente anterior a la primera borrosidad -2.00 D.

Resultado ARP = -3.00 D

Miope de -2.00. Distancia 40 cm. Primera Borrosidad -5.00 D. Lente anterior a la primera borrosidad -4.75

Resultado ARP= -2.75 D

Anotación. El valor obtenido se compara con el esperado o normal. **ARP (D) = -2.37 ± 1.00**

ADICIÓN = (ARN + ARP) /2

Medida del Retraso acomodativo mediante el método de estimación monocular (MEM)

Paciente con ambos ojos abiertos y emetropizado con su refracción en gafa de prueba. Se realiza la retinoscopía en visión próxima a 40 cm, el paciente observa los dibujos o las letras de agudeza visual 0.8 del test de fijación. Se estima la cantidad dióptrica positiva o negativa necesaria para neutralizar el movimiento del reflejo observado, rápidamente se coloca una lente esférica delante del ojo examinado para confirmar la estimación. Es fundamental no dejar la lente puesta demasiado tiempo porque puede alterar la respuesta acomodativa, por ello no se puede realizar con foróptero.

Anotación. El valor obtenido se compara con el esperado. **MEM (D): +0.50 ± 0.25**

Fuentes de error

Si el paciente está hiper o hipo compensado, los resultados obtenidos se encuentran falseados.

Utilizar lente de esquiascopía.

Realizar la esquiascopía ocluyendo un ojo.

Cilindros cruzados fusionados o estacionario

Colocar cilindros cruzados fusionados **(de la rueda de accesorios)** o Jackson con eje negativo a 90º **en ambos ojos.** Optotipo de rejilla situado a 40 cm. Sobre la refracción del paciente se incrementa la potencia esférica en +1 D para miopizar al sujeto (en présbitas +3 D). Comprobar que ve mejor o más negras las líneas verticales. Se reduce potencia esférica positiva en pasos de 0.25 hasta alcanzar la igualdad.

Anotación. El valor obtenido se compara con el esperado. **CCF (D): +0.50 ± 0.25**

Amplitud de acomodación (AA).

Procedimiento de la técnica de acercamiento

Desde una distancia aproximada de 50 cm, empezaremos a mover el test acomodativo de AV 0.8 hacia el paciente. La distancia desde el plano de las GAFAS hasta el punto en el que el paciente manifestó, por primera vez, ver borroso de forma mantenida las letras, determinará el punto próximo de acomodación (PPA). *La amplitud de acomodación será el inverso de esta distancia expresada en metros.*

Procedimiento de la técnica de alejamiento

El método se inicia interponiendo la tarjeta de fijación a una distancia muy próxima y se aleja progresivamente hasta que sea capaz de distinguir o ver nítido por primera vez los dibujos o caracteres expuestos. Tomamos la distancia y su inversa nos dará la AA

Anotación. El valor obtenido se compara con la fórmula de Hofstetter que nos determina el valor esperado de la amplitud de acomodación de acuerdo con su edad. **AA = 18 – 1/3 Edad ± 2 D**

Procedimiento de la técnica de la lente negativa

Se valora anteponiendo al paciente lentes negativas, en pasos de 0.25 D, sobre su compensación, hasta que reporte **emborronamiento total en** el test de presentación (letras de AV = 0.8) situado a una distancia de 40 cm. Si valoramos la amplitud de acomodación en **FORÓPTERO** hay que considerar la ametropía del sujeto.

Ejemplo:

Miope de -1.50 D. Borrosidad total con lente de -9.25 D. Distancia 40 cm

$$AA = -1.50 + 9.00 + 2.50 = 10.00 \text{ D}$$

Anotación. El valor obtenido se compara con la fórmula de Hofstetter que nos determina el valor esperado de la amplitud de acomodación de acuerdo con su edad. **AA = 18 − 1/3 Edad ± 2 D.**

Repetir:　　　Correcto:　　　**1 persona durante 2 horas, entrega ficha**　　　　　**Prácticas 5** : Refracción con Retinoscopía y medidas directas acomodativas.

Apellidos:_______________________________________ Nombre:____________ Edad:_______ DNPLOD:______ DNPLOI:_______

AV monocular OD: __________ **AV monocular OI:** __________ **AV binocular:** __________ (sin compensación)

Retinoscopía (con foróptero/ 5 min máx.) OD: _____________ esf _____________ cil a _______ º AV: ________

Retinoscopía (con foróptero/ 5 min máx.) OI: _____________ esf _____________ cil a _______ º AV: ________

ENSEÑAR AL PROFESOR PARA PUNTUAR　　　　　　　　　　　　　　　　　**NOTA RETINOSCOPÍA:** __________

Afinar eje con cilindro cruzado de Jackson

OD: ________ esf ________ cil a ______ º AV: ____　　　OI: ________ esf ________ cil a ______ º AV: ___

Afinar esfera con prueba del bicromático o rejilla

OD: ________ esf ________ cil a ______ º AV: ____　　　OI: ________ esf ________ cil a ______ º AV: ___　　**AV binocular:** ______

Equilibrio duocular para obtener la refracción binocular final

OD: ________ esf ________ cil a ______ º AV: ____　　　OI: ________ esf ________ cil a ______ º AV: ___　　**AV binocular:** ______

Pruebas acomodativas

ARN: ________　　ARP: ________ Hasta **primera borrosidad, cambio de nitidez o tamaño** (lente anterior). En foróptero y hay que considerar la ametropía.

Cilindros cruzados fusionados: OD________ OI________ AO________　　**Adición** $= \dfrac{ARN + ARP}{2} =$

AA (M. de lente negativa): OD______ (cm)/ OI______ (cm)　　　OD (D) ___________/ OI (D) __________

Con foróptero: *AAOD (D) =ametropía + (Lente anterior a borrosidad total cambiada de signo) + 1/d (m), AAOI (D) =ametropía + (Lente anterior a borrosidad total cambiada de signo) + 1/d (m)*

Flexibilidad acomodativa: Lentes ± 2 D　　FAOD: ________ cpm　　　FAOI: ________ cpm　　　FABinocular: _________ cpm

MEM: OD______/OI______

AA (M. de acercamiento): OD ______(cm)/ OI______ (cm)　　　OD (D) ___________/ OI (D) __________

AA (M. de alejamiento): OD______ (cm)/ OI______ (cm)　　　OD (D) ___________/ OI (D) __________

Refracción final　　OD: ________ esf ______cil a ____º AV: ______　　　OI: ________ esf ______ cil a ___º AV: ______ Ametropía:

Examinador: ____　　　　　　Fecha: ___ / ___ / _______

Imagen 5. Ficha de la práctica 5 de refracción con retinoscopía y medidas directas acomodativas.

PRÁCTICA 6

REFRACCIÓN CON MEDIDAS DIRECTAS DE VISIÓN BINOCULAR.

TERCERA FECHA DE ENTREGA DEL VIDEO 1

(1 PUNTO POR ENTREGAR CORRECTAMENTE Y 0 SI NO ESTÁ CORRECTAMENTE)

AVISO: En la práctica número 7 se realiza el PRIMER EXAMEN CONTROL: 5 PREGUNTAS TEST sobre los contenidos prácticos y teóricos desde la práctica 1 a la práctica 6 inclusive.

Para su ejecución: **(LA FICHA TIENE QUE SER EVALUADA EL MISMO DIA).**

En parejas por cada gabinete. Cada alumno tiene **1 hora** para acabarla y entregarla. (Imagen 6)

Después de anotar el nombre del alumno que examina (en la parte inferior izquierda de la ficha) y anotar la fecha, el alumno apunta al inicio apellidos y nombres del alumno que le acompaña en el gabinete, su edad en esa fecha y mide la distancia naso pupilar de cada ojo, de lejos y de cerca.

Con la luz del gabinete encendida del todo (luz natural equivalente o máxima iluminación), debe medir la agudeza visual de cada ojo, **CON COMPENSACIÓN HABITUAL.** (Se mide la compensación habitual con el frontofocómetro automático y se anota). En sujetos emétropes, con lentes de contacto (emetropizados) o sin compensación, no se anota nada más que la AV en esas condiciones.

Pruebas binoculares

Paciente **emetropizado** para visión lejana

Cover test

Prueba objetiva para evaluar heteroforias o heterotropías de cerca utilizamos tres procedimientos consecutivos: **cover simple, uncover y alternante[17,18].**

Cover simple:

Sirve para detectar tropías. Tapamos un ojo (preferiblemente primero el OI para anotar que pasa en el OD) y comprobamos si se mueve el ojo que está mirando a una tarjeta o linterna puntual, colocada a 40 cm del tabique nasal o desde el frente de las gafas. **Si se produce un movimiento en el ojo que no hemos tapado existe HETEROTROPÍA o ESTRABISMO** (desviación manifiesta). Se repite la prueba tapando el OD y observado el OI.

En función del movimiento, clasificamos la desviación manifiesta como sigue: (Hay que indicar OD u OI.)

- Cuando el ojo se mueve de dentro hacía el centro se trata de una **Endotropía.**
- Si el movimiento es de fuera al centro, se trata de una **Exotropía.**
- Si es de arriba abajo es **Hipertropía.**
- Si es de abajo a arriba es **Hipotropía.**
- Si se produce un giro es **Ciclotropía.**
- Si no existe movimiento es **Ortotropía**

Cover Uncover

Sirve para detectar forias. Cuando no se produce movimiento de ningún tipo, al hacer el cover simple, se destapa el ojo ocluido para conocer si existe desviación latente o **HETEROFORIA.** Si al hacerlo observamos movimiento, se clasifica igual que en el caso anterior, pero sustituimos tropía por foria.

Cover alternante

Sirve para detectar y cuantificar la magnitud de una foria y tropía. Consiste en ocluir de forma alternante ambos ojos para observar la magnitud de la desviación, observando el ojo que destapamos. **Hay que medir con barra de prismas la foria encontrada y, en su caso, la tropía.** La posición de la base de los prismas vendrá determinada por la dirección de la foria siendo:

Exo---Base interna

Endo---Base externa

Hiper---Base inferior

Hipo----Base superior

Ejemplo

Si al tapar el ojo derecho no hay movimiento en el ojo izquierdo y al destapar si se produce en el ojo derecho de fuera hacia el centro. Cuando lo hacemos al revés, empezando a tapar el ojo izquierdo, vuelve a pasar lo mismo.

¿Tiene tropía o heteroforia? ¿Qué tipo de desviación es?

Es una heteroforia, observado en el cover uncover, en concreto, una exoforia

Anotación: Potencia prismática que anula el movimiento, el tipo de desviación y su sentido para ambos ojos.

Test de Worth

Nos aporta información acerca de las condiciones de fusión del paciente. El paciente ha de estar emetropizado y sobre su corrección pondremos una gafa anaglífica (Rojo- Verde. La linterna de Worth, consta de 4 luces, una Roja (vista con el filtro rojo), dos verdes (vistas con el filtro verde) y una blanca (vista con ambos). Partimos de la distancia de lejos y preguntamos al paciente cuantas luces ve. La norma es ver 4 luces. Nos acercamos con la linterna hasta 40 cm, parándonos si existe alguna variación en el número de luces anotando la distancia y la respuesta del paciente[19,20].

Posibles respuestas: **Con filtro rojo en el OD.** (Foto 13)

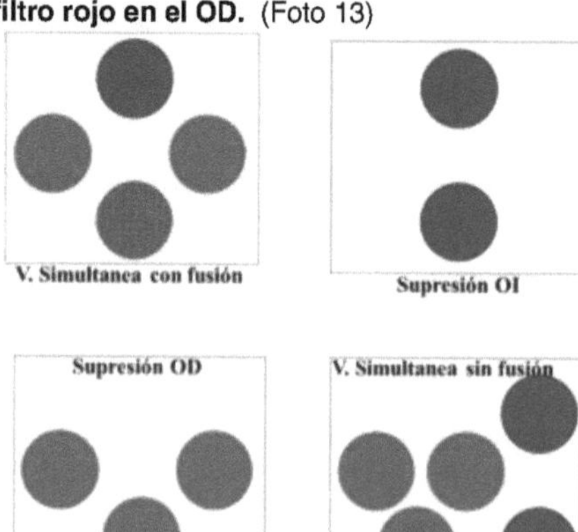

Foto 13. Posibles opciones en la prueba de Worth.

Foria horizontal lejos (Método de Von Graëffe o de 2 diasporámetros).

Nos permite analizar la posición de desviación latente o desviación ocular en posición de reposo. Para ello disociamos las imágenes que percibe cada ojo mediante la colocación de dos diasporámetros, uno en el OD con potencia de 6 Δ base superior (prisma disociador) y el otro en el ojo izquierdo una potencia de 12 Δ base interna (prisma medidor). (Foto 14) De esta forma el paciente percibirá una imagen abajo a la derecha y otra arriba a la izquierda (Foto 15). El estímulo de fijación será una línea vertical de letras[21,22].

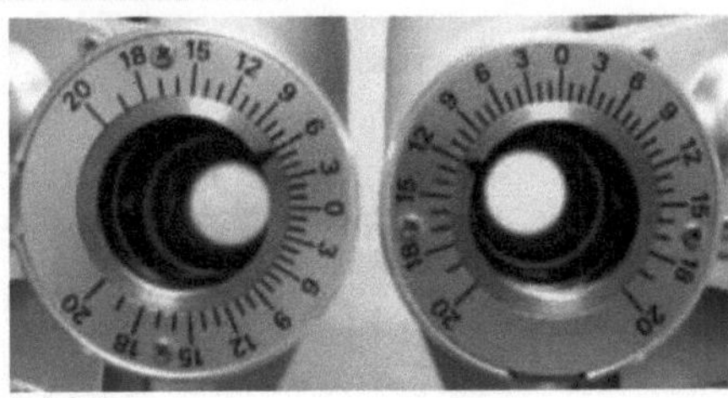

Foto 14. Foria horizontal de lejos.

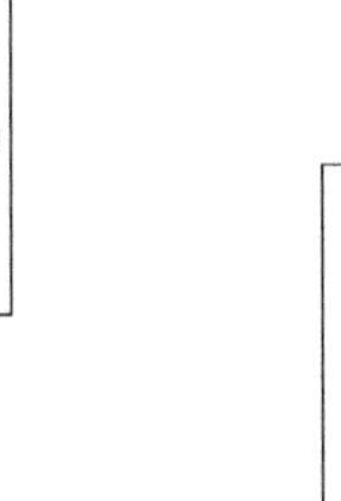

Foto 15. Vista de dos líneas disociadas

Para cuantificar la magnitud de la foria horizontal de lejos y su sentido, tendremos que disminuir la potencia prismática del prisma de 12 Δ base interna (medidor) hasta lograr la alineación de las dos imágenes. Foto 16. (En la mayoría de los casos reduciendo la potencia e incluso poniendo base externa, una vez llegado a cero). **Si la potencia es cero el sujeto es ortofórico, si queda base interna es exofórico y si queda base externa, endofórico.**

Norma: 1 Δ **de exoforia** con una **desviación estándar de ±2 Δ.**

Figura 16. Alineamiento

Vergencias horizontales lejos (con 2 diasporámetros)

Mediante el uso de primas, disociamos las imágenes que percibe cada uno de los ojos y las desplazamos en la dirección deseada, instruyendo al paciente para que las mantenga fusionadas y nítidas hasta el punto de máxima capacidad, momento en el que el paciente comenzará a ver doble. La medida de la vergencia de forma directa es importante ya que cuando un individuo tiene un estado fórico fuera de lo normal y las vergencia fusional compensatoria es insuficiente, aparecen signos y síntomas que perturban la visión. Esta prueba nos permite medir sus valores en horizontal de lejos, tanto negativos como positivos. Del análisis de su valor, junto con el resto de pruebas de una ficha completa, podremos determinar la existencia o no de un problema visual en nuestro paciente[11,23].

Para medirlas aislaremos línea vertical de letras, similares a las utilizadas en la medida de la heteroforia por el método de Von Graëffe. **Para empezar, pondremos dos diasporámetros con las bases horizontales y a cero en ambos ojos (Foto 17).**

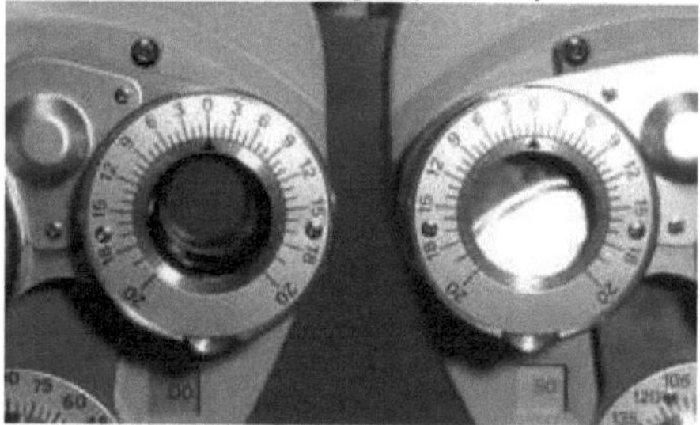

Foto 17. Vergencia horizontal de lejos sin iniciar la medida.

Comenzamos midiendo la vergencia **fusional negativa o divergencia de lejos** (se mide SIEMPRE primero este valor, porque no influye de forma significativa sobre la vergencia de signo contrario o positiva). Para ello incrementamos la potencia en **base interna** hasta llegar a la **diplopía (punto de rotura).** Una vez alcanzado este punto (se anota la suma de las potencias de ambos diasporámetros) seguimos incrementando potencia unas 3 o 4 Δ en ambos ojos, para evitar que el paciente fusione la imagen y reducimos de nuevo la potencia hasta conseguir de nuevo la **fusión o punto de recobro (Foto 18).**

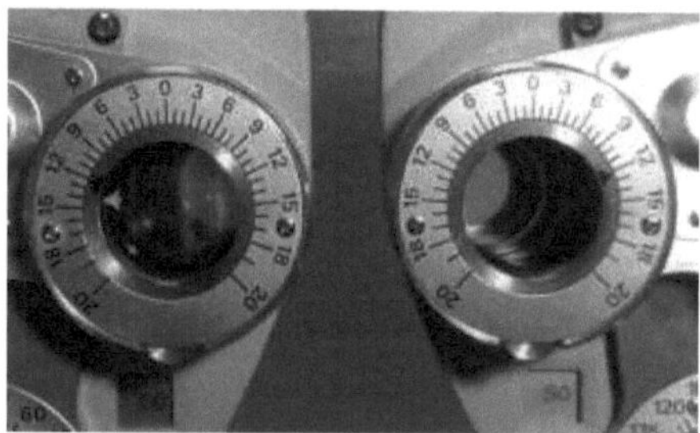

Foto 18. Vergencia fusional negativa o divergencia horizontal de lejos.

Esta medida se repite ahora con **base externa partiendo nuevamente de cero,** obteniendo la **vergencia fusional positiva o convergencia de lejos.** Conviene anotar, con esta vergencia, la posible aparición de un punto inicial en la que la persona puede reconocer que ve borrosas las letras que se encuentran dentro de la línea vertical. Este punto se llama **de emborronamiento** y no debería aparecer en la vergencia fusional negativa de lejos, pero en esta segunda medida podría hacerlo (Foto 19).

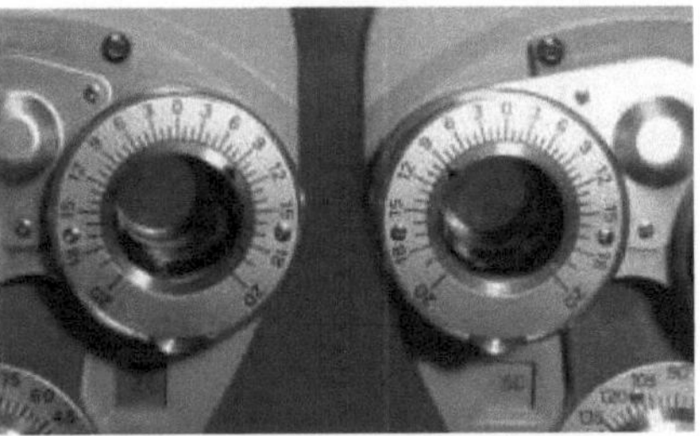

Foto 19. Vergencia fusiona positiva o convergencia horizontal de lejos.

Anotación: Los valores obtenidos se anotan por orden, con barras diagonales intercaladas e identificando con VFN la vergencia fusional negativa (ejemplo X/7/4) y con VFP, la vergencia fusional positiva (ejemplo 9/19/10).

Norma:

Base interna (lejos)		Rotura 7 ± 3 Δ	Recobro 4 ± 2 Δ
Base externa (lejos) Borrosidad 9 ± 4 Δ	Rotura 19 ± 8 Δ	Recobro 10 ± 4 Δ

Foria horizontal de cerca (Método de Von Graëffe o de 2 diasporámetros)

Se determina de la misma forma que la de lejos, pero cambiando la distancia interpupilar para cerca y utilizando un optotipo a 40 cm. Su **valor normal** es **3 Δ de exoforia con una desviación de 3 Δ**.

Vergencia horizontal de cerca (2 diasporámetros)

Se hace en las mismas condiciones que la vergencia de lejos, pero cambiando la distancia interpupilar para cerca y utilizando el mismo optotipo que en las forias de cerca.

Los **valores esperados o normales** son:

Base interna (cerca) Borrosidad 13 ± 4 Δ	Rotura 21 ± 4 Δ	Recobro 13 ± 5 Δ
Base externa (cerca) Borrosidad 17 ± 5 Δ	Rotura 21 ± 6 Δ	Recobro 11 ± 7 Δ

Repetir: Correcto: **1 persona durante 1 hora, entrega ficha**   **Práctica 6**: Refracción con medidas directas de visión binocular

Apellidos: ____ Nombre: _______________ Edad: _______ DNPLOD: ______ DNPLOI: _______

AV monocular OD: ___________   **AV monocular OI**: ___________   **AV binocular**: ___________   (sin compensación)

Retinoscopía (con foróptero/ 5 min máx.) OD: _____________ esf ______________ cil a _______ º   AV: _________

Retinoscopía (con foróptero/ 5 min máx.) OI: _____________ esf ______________ cil a _______ º   AV: _________

Compensación habitual OD: _________ esf ________ cil a _______ º   AV: _________   (Si lleva gafas medir en frontofocómetro)

Compensación habitual OI: _________ esf ________ cil a _______ º   AV: _________   (Si lleva gafas medir en frontofocómetro)

COMPARAR LA AV DE RETINOSCOPÍA CON LA AV DE SU COMPENSACIÓN HABITUAL. ELEGIR LA MEJOR AV PARA LAS PRUEBAS POSTERIORES.

Cover test cerca: (Por orden: simple, uncover y alternante y anotar el resultado final). **MEDIR CON BARRA DE PRISMAS**

Foria _________________

Tropía _________________   **(N: Endo, X: Exo, O: Orto, F: Foria, T: Tropía, H: Hiper, h: hipo, C: Ciclo)**

Test de Worth (de lejos a cerca con linterna): ____ estado binocular a todas las distancias.

Foria horizontal lejos (Método de Von Graëffe o de 2 diasporámetros): _______

Vergencias horizontales lejos (2 diasporámetros):   VFN: _X_ /___ /___   VFP ___ /___ /___

Foria horizontal cerca (Método de Von Graëffe o de 2 diasporámetros): _______

Vergencias horizontales cerca (2 diasporámetros):   VFN: ___ /___ /___   VFP ___ /___ /___

Examinador: ____   Fecha: ___ /___ / _______

Imagen 6. Ficha de la práctica 6 de refracción con medidas directas de visión binocular.

En esta práctica número 7 se realiza el EXAMEN CONTROL: 5 PREGUNTAS TEST sobre los contenidos prácticos y teóricos desde la práctica 1 a la práctica 6 inclusive.

Para su ejecución: **(LA FICHA TIENE QUE SER EVALUADA EL MISMO DIA)**. (Imagen 7)

Comenzamos haciendo retinoscopía en foróptero, 5 minutos en cada ojo. Comprobamos AV y partimos del valor obtenido en retinoscopía.

Afinar eje y potencia con cilindro cruzado de Jackson, en su caso.

Afinar potencia esférica con prueba del bicromático o rejilla.

Bicromático

Optotipo rojo-verde y luz atenuada. Incrementar potencia esférica de +1.00 D para miopizar al sujeto. Comprobar que ve mejor las letras sobre fondo rojo. Reducir potencia esférica positiva hasta igualdad, sino alcanza igualdad nos quedamos con el valor más positivo.

Equilibrio duocular

Sólo si durante la refracción monocular se ha alcanzado la misma AV en ambos ojos o existe una diferencia como máximo de 0,1 o una línea. Se emborrona cada ojo con +1.00 D respectivamente, (los dos ojos abiertos). Aislamos una línea de letras de AV menor o inferior a la alcanzada en monocular (aprox. 0.6). Se coloca un prisma de 3 Δ base superior en un ojo y de 3 Δ base inferior en el otro. Se añaden esferas en pasos de +0.25 D en el ojo que ve menos borroso, (más nítido) hasta igualar AV. SE RETIRAN LOS PRISMAS. Disminuir potencia en ambos ojos en pasos de 0.25 D hasta alcanzar la máxima AV binocular (obligando al paciente a leer). Solo quitamos 0.25 D si el paciente no es capaz de leer la siguiente línea

Cover test

Prueba objetiva para evaluar heteroforias o heterotropías de cerca utilizamos tres procedimientos consecutivos: **cover simple, uncover y alternante.**

Cover simple

Sirve para detectar tropías. Tapamos un ojo (preferiblemente primero el OI para anotar que pasa en el OD) y comprobamos si se mueve el ojo que está mirando a una tarjeta o linterna puntual, colocada a 40 cm del tabique nasal o desde el frente de las gafas. **Si se produce un movimiento en el ojo que no hemos tapado existe HETEROTROPÍA o ESTRABISMO** (desviación manifiesta). Se repite la prueba tapando el OD y observado el OI.

En función del movimiento, clasificamos la desviación manifiesta como sigue: (Hay que indicar OD u OI.)

- Cuando el ojo se mueve de dentro hacía el centro se trata de una **Endotropía**.
- Si el movimiento es de fuera al centro, se trata de una **Exotropía**.
- Si es de arriba abajo es **Hipertropía**.
- Si es de abajo a arriba es **Hipotropía**.
- Si se produce un giro es **Ciclotropía**.
- Si no existe movimiento es **Ortotropía**

Cover Uncover

Sirve para detectar forias. Cuando no se produce movimiento de ningún tipo, al hacer el cover simple, se destapa el ojo ocluido para conocer si existe desviación latente o **HETEROFORIA.** Si al hacerlo observamos movimiento, se clasifica igual que en el caso anterior, pero sustituimos tropía por foria.

Cover alternante

Sirve para detectar y cuantificar la magnitud de una foria y tropía. Consiste en ocluir de forma alternante ambos ojos para observar la magnitud de la desviación, observando el ojo que destapamos. **Hay que medir con barra de prismas la foria encontrada y, en su caso, la tropía.** La posición de la base de los prismas vendrá determinada por la dirección de la foria siendo:

Exo---Base interna

Endo---Base externa

Hiper---Base inferior

Hipo----Base superior

Ejemplo

Si al tapar el ojo derecho hay movimiento en el ojo izquierdo y al destapar no se produce en el ojo derecho de fuera hacia el centro. Cuando lo hacemos al revés, empezando a tapar el ojo izquierdo, no hay movimiento.

¿Tiene tropía o heteroforia? ¿Qué tipo de desviación es?

Es una tropía, que se observa con el cover simple, en concreto, una Endotropía derecha

Anotación: Potencia prismática que anula el movimiento, el tipo de desviación y su sentido para ambos ojos.

Test de Worth

Nos aporta información acerca de las condiciones de fusión del paciente. El paciente ha de estar emetropizado y sobre su corrección pondremos una gafa anaglífica (Rojo- Verde. La linterna de Worth, consta de 4 luces, una Roja (vista con el filtro rojo), dos verdes (vistas con el filtro verde) y una blanca (vista con ambos). Partimos de la distancia de lejos y preguntamos al paciente cuantas luces ve. La norma es ver 4 luces. Nos acercamos con la linterna hasta 40 cm, parándonos si existe alguna variación en el número de luces anotando la distancia y la respuesta del paciente.

Foria horizontal lejos (Método de Von Graëffe o de 2 diasporámetros)

Nos permite analizar la posición de desviación latente o desviación ocular en posición de reposo. Para ello disociamos las imágenes que percibe cada ojo mediante la colocación de dos diasporámetros, uno en el OD con potencia de 6 Δ base superior (prisma disociador) y el otro en el ojo izquierdo una potencia de 12 Δ base interna (prisma medidor). De esta forma el paciente percibirá una imagen abajo a la derecha y otra arriba a la izquierda. El estímulo de fijación será una línea vertical de letras.

Para cuantificar la magnitud de la foria horizontal de lejos y su sentido, tendremos que disminuir la potencia prismática del prisma de 12 Δ base interna (medidor) hasta lograr la alineación de las dos imágenes. Foto 16. (En la mayoría de los casos reduciendo la potencia e incluso poniendo base externa, una vez llegado a cero). **Si la potencia es cero el sujeto es ortofórico, si queda base interna es exofórico y si queda base externa, endofórico.**

Norma: 1 Δ **de exoforia** con una **desviación estándar de ±2 Δ.**

Vergencias horizontales lejos (con 2 diasporámetros)

Mediante el uso de primas, disociamos las imágenes que percibe cada uno de los ojos y las desplazamos en la dirección deseada, instruyendo al paciente para que las mantenga fusionadas y nítidas hasta el punto de máxima capacidad, momento en el que el paciente comenzará a ver doble. La medida de la vergencia de forma directa es importante ya que cuando un individuo tiene un estado fórico fuera de lo normal y las vergencia fusional compensatoria es insuficiente, aparecen signos y síntomas que perturban la visión. Esta prueba nos permite medir sus valores en horizontal de lejos, tanto negativos como positivos. Del análisis de su valor, junto con el resto de pruebas de una ficha completa, podremos determinar la existencia o no de un problema visual en nuestro paciente.

Comenzamos midiendo la vergencia **fusional negativa o divergencia de lejos** (se mide SIEMPRE primero este valor, porque no influye de forma significativa sobre la vergencia de signo contrario o positiva). Para ello incrementamos la potencia en **base interna** hasta llegar a la **diplopía (punto de rotura).** Una vez alcanzado este punto (se anota la suma de las potencias de ambos diasporámetros) seguimos incrementando potencia unas 3 o 4 Δ en ambos ojos, para evitar que el paciente fusione la imagen y reducimos de nuevo la potencia hasta conseguir de nuevo la **fusión o punto de recobro.**

Esta medida se repite ahora con **base externa partiendo nuevamente de cero,** obteniendo la **vergencia fusional positiva o convergencia de lejos.** Conviene anotar, con esta vergencia, la posible aparición de un punto inicial en la que la persona puede reconocer que ve borrosas las letras que se encuentran dentro de la línea vertical. Este punto se llama **de emborronamiento** y no debería aparecer en la vergencia fusional negativa de lejos, pero en esta segunda medida podría hacerlo (Foto 19).

Anotación: Los valores obtenidos se anotan por orden, con barras diagonales intercaladas   e identificando con VFN la vergencia fusional negativa (ejemplo X/7/4) y con VFP, la vergencia fusional positiva (ejemplo 9/19/10).

Norma:

Base interna (lejos)   Rotura 7 ± 3 Δ   Recobro 4 ± 2 Δ

Base externa (lejos) Borrosidad: 9 ± 4 Δ   Rotura: 19 ± 8 Δ   Recobro: 10 ± 4 Δ

Foria horizontal de cerca (Método de Von Graëffe o de 2 diasporámetros)

Se determina de la misma forma que la de lejos, pero cambiando la distancia interpupilar para cerca y utilizando un optotipo a 40 cm. Su **valor normal** es **3 Δ de exoforia con una desviación de 3 Δ.**

Vergencia horizontal de cerca (2 diasporámetros)

Se hace en las mismas condiciones que la vergencia de lejos, pero cambiando la distancia interpupilar para cerca y utilizando el mismo optotipo que en las forias de cerca.

Los **valores esperados o normales** son:

Base interna (cerca) Borrosidad 13 ± 4 Δ   Rotura 21 ± 4 Δ   Recobro 13 ± 5 Δ

Base externa (cerca) Borrosidad 17 ± 5 Δ   Rotura 21 ± 6 Δ   Recobro 11 ± 7 Δ

Cálculo del cociente AC/A: el AC/A se define como la cantidad de convergencia acomodativa que se ve arrastrada por acción de la acomodación. Conocer su valor tiene gran relevancia desde el punto de vista clínico, ya que nos permite conocer la relación entre la acomodación y la convergencia de nuestro paciente. A través del estudio del AC/A podremos clasificar las distintas anomalías binoculares y nos servirá para conocer el efecto de una adición sobre las características binoculares del paciente.

Podemos calcular el AC/A mediante dos métodos: **el método de la heteroforia y el método de gradiente**

Método de la heteroforia

Se obtiene mediante la comparación de la foria de lejos y cerca del paciente. Una vez obtenidas ambas, tendremos el valor del AC/A mediante la fórmula:

$$AC/A\ (MH) = (CR - FL + FC)/EA$$

Dónde: FL es foria de lejos siendo endo positivo y exo negativo

FC es foria de cerca siendo endo positivo y exo negativo

EA es el estímulo acomodativo. Si hemos realizado la prueba a 40 cm: 2.50 D

CR es la convergencia requerida. Su valor se obtiene multiplicando la DIP de lejos en centímetros por el estímulo acomodativo (2.50 D a 40 cm)

Método del gradiente

Para obtenerlo debemos conocer el valor de la **foria inducida.**

La foria inducida se obtiene adicionando lentes sobre la refracción del paciente y observando cómo se modifica el estado fórico del mismo. El valor del AC/A se determinará a través de la comparación de los valores de la foria inducida y de la foria de cerca a través de la fórmula:

$$AC/A\ (MG) = (FC - FI)/-1 \qquad\qquad AC/A\ (MG) = (FC - FI)/+1$$

Dónde: FI es foria inducida siendo endo positivo y exo negativo

FC es foria de cerca siendo endo positivo y exo negativo

Si el paciente es Endofórico en cerca, haremos la foria inducida con lente de +1.00 D

Si el paciente es Exofórico en cerca, haremos la foria inducida con lente de -1.00 D

Anomalía binocular

Una vez obtenido el valor del AC/A y los resultados de las pruebas binoculares podemos establecer una tentativa de diagnóstico de anomalía binocular.

Indicar el tipo de anomalía binocular en la ficha (Tabla 1).

Tabla 1. Clasificación sintética de anomalía binocular.

Anomalías binoculares (AC/A Normal = 4/1 ± 2)			
Anomalía	AC/A	FL	FC
Exceso de convergencia	ALTO	NORMAL	ENDOFORIA ALTA
Exceso de divergencia	ALTO	EXOFORIA ALTA	NORMAL
Insuficiencia de convergencia	BAJO	NORMAL	EXOFORIA ALTA
Insuficiencia de divergencia	BAJO	ENDOFORIA ALTA	NORMAL
Endoforia Básica	NORMAL	ENDOFORIA ALTA	ENDOFORIA ALTA
Exoforia Básica	NORMAL	EXOFORIA ALTA	EXOFORIA ALTA
Disfunción de vergencia fusional	NORMAL	VERGENCIAS BAJAS	VERGENCIAS BAJAS

Apellidos:____ Nombre:__________________________ Edad:________ DNPLOD: ________ DNPLOI:________

AV monocular OD: ___________   **AV monocular OI:** ___________   **AV binocular:** ___________ (sin compensación)

Retinoscopia (con foróptero/ 5 min máx.) OD: ______________ esf ______________ cil a ________º   AV:__________

Retinoscopia (con foróptero/ 5 min máx.) OI: ______________ esf ______________ cil a ________º   AV:__________

Subjetivo monocular: Donders OD/OI o Miopización OD/OI (Subraya la opción elegida) incluido círculo horario.

OD: __________ esf __________ cil a ______º   AV: ____   OI: ________ esf ________ cil a ______º AV: ___

Afinar eje con cilindro cruzado de Jackson (con el cilindro que se obtiene en el círculo horario)

OD: __________ esf __________ cil a ______º   AV: ____   OI: ________ esf ________ cil a ______º AV: ___

Afinar esfera con prueba del bicromático o rejilla

OD: __________ esf __________ cil a ______º   AV: ____   OI: ________ esf ________ cil a ______º AV: ___   **AV binocular:** ______

Equilibrio duocular para obtener la refracción binocular final

OD: __________ esf __________ cil a ______º   AV: ____   OI: ________ esf ________ cil a ______º AV: ___   **AV binocular:** ______

Foria lejos foróptero: ______   **Vergencias horizontales lejos:**   VFN: _X_ /___ /___   VFP ___ /___ /___

Foria cerca foróptero: ______   **Vergencias horizontales cerca:**   VFN: ___ /___ /___   VFP ___ /___ /___

Foria inducida cerca con foróptero (1): ______   AC/A (MH): ___/______   AC/A (MG): ______/______

ANOMALÍA Binocular____

Examinador: ____   Fecha: ___ /___ / ______

Imagen 7. Ficha de la práctica 7 de refracción con medidas directas de visión binocular

Se hace en grupos de 4 por gabinete.

ELABORACIÓN DEL VIDEO

La práctica consistirá en la grabación de un video de aproximadamente 3 minutos de duración explicando cómo se realiza una prueba optométrica (listado según grupo de prácticas en anexo). Para ello, se utiliza el guion de prácticas grabando con un Smartphone a un compañero o compañeros del grupo. El grupo será asignado por el profesor correspondiente de prácticas. Una vez realizada la película en bruto, con las secuencias necesarias para completar los distintos apartados de la práctica se pasa a la edición.

EDICIÓN Deberá incluir

- Título en español e inglés.

- Autores (alumnos que hacen el video y profesores: Ricardo Bernárdez, Gema Martínez, Francisco Prieto, Isabel Valcayo, Nuria Garzón y Vanesa Blázquez).

- Explicación de la prueba optométrica hablado en español y con subtítulos en inglés.

- Normas del procedimiento en español y subtítulos en inglés.

- Créditos (actores, alumnos, laboratorios, asignatura, facultad y universidad).

- Frase con la Cesión de derechos de imagen de todos los implicados en español e inglés.

EVALUACIÓN

Hay que entregar y publicar en Facebook el video editado de la práctica indicada, además debe entregarse una copia del video al profesor correspondiente de prácticas a través del campus virtual. Se debe realizar una encuesta individual en el campus acerca de la actividad de los vídeos respondiendo a varias preguntas de forma anónima.

El plazo de entrega del vídeo será como máximo hasta la práctica 12 y del cuestionario la fecha límite será ese mismo día.

ANEXO: ASIGNACIÓN DE PRÁCTICA PARA CADA GRUPO DE PRÁCTICAS.

Cada grupo de prácticas realizará la misma prueba, pero en pequeños grupos, que el profesor encargado del grupo llevará a cabo el día de la elaboración del video.

Una vez agrupados los alumnos comenzarán la grabación de las pruebas según el siguiente listado:

Grupo de lunes de 10.15 a 12.30. Medida de la acomodación por método de alejamiento.

Grupo de lunes de 15.30 a 17.45. Medida de la foria de lejos y cerca (M. de Von Graëffe)

Grupo de lunes de 17.45 a 20). Medida de vergencias horizontales lejos y cerca.

Grupo de martes de 10.30 a 12.45. Medida de ARP, ARN y Adición.

Grupo de martes de 12.30 a 14.45. Medida de cover test de cerca con medida con barra de prismas.

Grupo de martes de 15.30 a 17.45. Test de Worth a todas las distancias.

Grupo de martes de 17.45 a 20. Medida del AC/A por método de gradiente y heteroforia.

Grupo de jueves de 12.30 a 14.45. Medida de acomodación por método de lente negativa.

Grupo de jueves de 15.30 a 17.45. Medida de cilindro cruzado de Jackson y fusionados y MEM.

Grupo de jueves de 17.45 a 20. Flexibilidad acomodativa monocular, binocular y lejos-cerca.

Cambio de parejas

Se hace en parejas por gabinete y cada alumno tiene **1 h** para acabarla y entregarla. (Imagen 8A y 8B) El paso a seguir son tal cual vienen en la ficha y en el mismo orden, haciendo cada alumno la ficha completa para no distraerse. Después de anotar el nombre del alumno que examina (en la parte inferior izquierda de la ficha) y la fecha, apuntamos los apellidos y nombre del alumno que le acompaña en la práctica, su edad y mide **la distancia naso-pupilar de cada ojo de LEJOS y la DIP de CERCA.**

Retinoscopía en foróptero

5 minutos en cada ojo. Comprobamos AV y partimos del valor obtenido en retinoscopía si la AV alcanzada es 1 o mayor de 1. En este caso, pasamos a afinar eje y potencia con cilindro cruzado de Jackson, en su caso y, posteriormente, afinamos potencia esférica con prueba del bicromático o rejilla y equilibrio duocular o miopización binocular.

Si la AV con la refracción obtenida en retinoscopía es menor que 1, iniciamos con Donders o miopización y partimos de cero (no se considera la refracción obtenida en retinoscopía).

Afinar eje y potencia con cilindro cruzado de Jackson, en su caso.

Afinar o verificar potencia esférica con prueba del bicromático o rejilla. Se parte de la fórmula esfero-cilíndrica obtenida con las pruebas anteriores y **se realiza de forma monocular.**

Bicromático

Optotipo rojo-verde y luz atenuada. Incrementar potencia esférica de +1 D para miopizar al sujeto. Comprobar que ve mejor las letras sobre fondo rojo. Reducir potencia esférica positiva hasta igualdad, sino alcanza igualdad nos quedamos con el valor más positivo.

Test de rejilla (cilindros cruzados estacionarios)

Se proyecta el test y se coloca el cilindro cruzado estacionario que se encuentra en la rueda de accesorios en el foróptero.

Colocar **cilindros cruzados fusionados de la rueda de accesorios en monocular.**

Miopizar sobre su refracción con +1D y confirmar que el paciente ve mejor o más negras las líneas verticales. Posteriormente, se reduce potencia esférica positiva en pasos de 0.25 D hasta igualdad.

Equilibrio duocular

Sólo si durante la refracción monocular se ha alcanzado la misma AV en ambos ojos o existe una diferencia como máximo de 0,1 o una línea. Se emborrona cada ojo con +1,00 D respectivamente, (los dos ojos abiertos). Aislar una línea de letras de AV menor o inferior a la alcanzada en monocular. Se coloca un prisma de 3 Δ base superior en un ojo y de 3 Δ base inferior en el otro. Se añaden esferas en pasos de +0,25 D en el ojo que ve menos borroso, (más nítido) hasta igualar AV. SE RETIRAN LOS PRISMAS. Disminuir potencia en ambos ojos en pasos de 0.25 D hasta alcanzar la máxima AV binocular.

Miopización o fogging binocular

Cuando no se puede realizar el equilibrio duocular, se incrementan en ambos ojos una esfera de +1,00 D. Aislar una línea de letras de AV menor o inferior a la alcanzada en la prueba monocular. Se reduce binocularmente potencia hasta la máxima AV para el máximo positivo.

MEDIDA DE FUNCIÓN DE SENSIBILIDAD AL CONTRASTE (FSC).

La función de sensibilidad al contraste (FSC) es el inverso del porcentaje del umbral de contraste. Se valora con 2 métodos: Tablas de Pelli-Robson (Foto 19) y Pantalla CSV-1000E. (Foto 21) [24-26]

Procedimiento Pelli Robson

La prueba se realiza a 1 m del optotipo. Consta de 16 tríos de letras del mismo tamaño, que disminuyen en contraste, de la primera (mayor contraste) a la última tríada (casi invisible por ningún contraste) y se nombran desde el 0.00-2.25, de 0.15 en 0.15, o sea: 0, 0.15, 0.30, 0.45... hasta 1.65, 1.80, 1.95, 2.10, 2.25. El paciente debe leer las letras y la última tríada, en la que al menos reconozca bien 2, será la medida de su sensibilidad al contraste. Realizamos la medida de forma monocular y binocular con la compensación.

Tablas de Pelli Robson. Se recomienda una iluminación aproximada de 913 Lux o 85 cd/m^2.

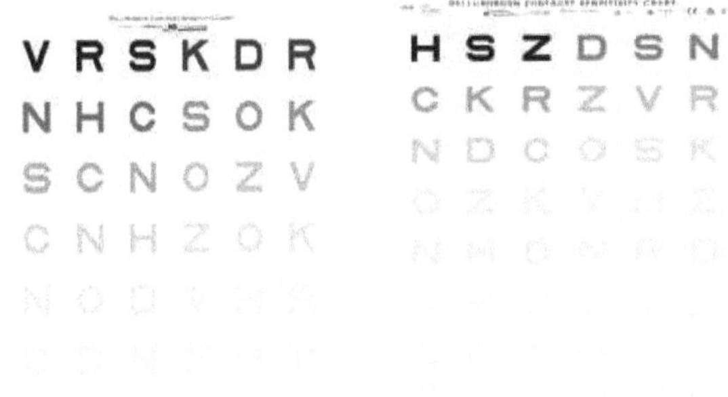

Foto 19. Tablas de Pelli Robson para la medida de FSC.

Foto 20. Resultados de tablas de Pelli Robson para la medida de FSC.

La pantalla de Sensibilidad al Contraste CSV-1000E

Es la prueba más utilizada en todo el mundo. Esta prueba proporciona cuatro filas de particiones de círculos con franjas. **A una distancia recomendada de 2.5 metros,** estas particiones evalúan las frecuencias espaciales de 3, 6, 12 y 18 ciclos/grados.

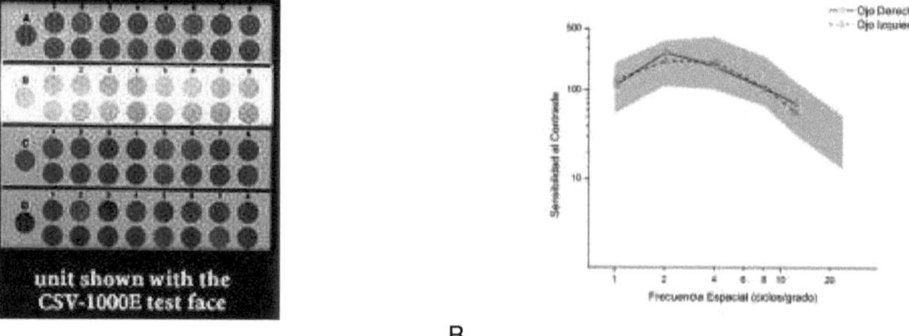

A   B

Foto 21. A. Pantalla de Sensibilidad al Contraste CSV-1000E. B. Gráfica de resultados.

El CVS-1000E proporciona una curva de sensibilidad al contraste total y a distintas frecuencias.

Procedimiento CSV-1000E

Se iluminan las filas de la A hasta la D y se pregunta al paciente, con la compensación de la ficha anterior en gafas de prueba, que círculos es capaz de ver bien. Tal cual lo indica, se anota en las gráficas correspondientes monocularmente, poniendo con una (x) los resultados por columna del ojo derecho y con un círculo (o) los del ojo izquierdo en la que corresponde a la edad del paciente analizado.

Motilidad ocular

Con estas pruebas se quiere evaluar la versión de ambos ojos de forma binocular. Se trata de ver los correctos movimientos oculares cuando el sujeto sigue un estímulo. Para comprobar esta normalidad debemos ver movimientos suaves, regulares y sin limitaciones. Esto quiere decir que ambos ojos deben seguir el estímulo en las 9 posiciones de miradas (posición primaria de mirada o mirada de frente, mirada hacia arriba, mirada hacia abajo, mirada lateral hacia arriba, en el centro y hacia abajo para cada uno de los dos lados)[15,27]

Si una línea de mirada o más, de las indicadas, tienen limitaciones, podemos averiguar el tipo de problema muscular culpable de esos márgenes reducidos o demasiado amplios, en definitiva, con ángulos diferentes al alineamiento con el estímulo de uno de los dos ojos.

Procedimiento motilidad ocular

Se van a utilizar dos técnicas con resultado idéntico, pero con anotación diferente. Se trata de la doble H y el uso de una aplicación titulada 9gaze

Doble H

Se utiliza una linterna puntual y se debe mover haciendo una doble H empezando con la línea central de mirada. Se apunta la linterna al tabique nasal para la posición primaria de mirada. El segundo movimiento es en la misma línea hacia arriba y enseguida hacia abajo.

En cada movimiento de la linterna se observa si ambos ojos apuntan a la luz. Si es así en cada pupila se tienen que observar ambos reflejos situados simétricamente en cada ojo. Si fuera necesario se levantarán los párpados, para observar mejor los ojos en mirada hacia abajo.

En las siguientes observaciones se desplaza la linterna puntual hacia un lado y a otro para repetir la misma operación en ambas líneas laterales de mirada, formando una doble H.

Si hay alguna limitación en cualquiera de las 9 posiciones de mirada se anota para conocer los defectos.

App 9gaze

Antes de empezar esta prueba debemos instalarlo en un móvil de uno de los alumnos del gabinete. (Foto 22)

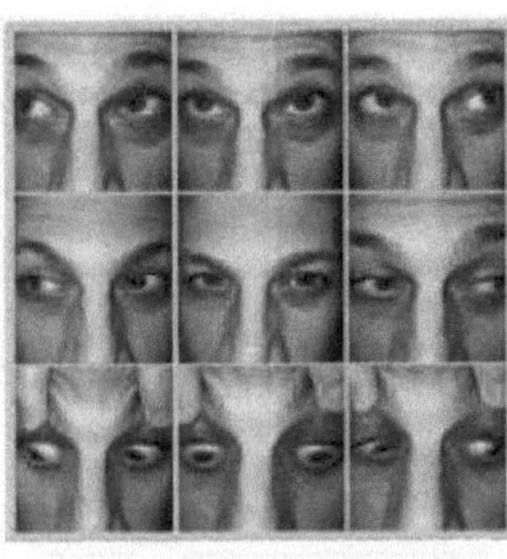

Foto 22. Aplicación 9gaze con información en https://www.seevisionllc.com/9gaze

Tras la instalación se ejecuta el procedimiento establecido por la app que consiste en hacer el mismo que la prueba anterior de la doble H. En cada mirada al Smartphone se debe sacar la foto y aceptarla si está bien hecha.

Una vez completado el procedimiento se debe subir el resultado a la base de datos generada en el seminario de trabajo de prácticas del campus virtual. Se deben mostrar los dos resultados a los profesores responsables de la práctica para poder comprobar las diferencias o similitudes.

Punto próximo de convergencia

Para saber el límite de la capacidad de la convergencia de cualquier persona se utiliza un estímulo que acercamos al tabique nasal hasta comprobar la pérdida de la simetría. Para medirlo utilizamos un estímulo luminoso o acomodativo y una reglilla. Acercamos la linterna desde una distancia de 50 cm apuntando al tabique nasal y siempre en el centro y en línea o altura de los ojos. La prueba termina cuando el sujeto indica que ve doble. Se toma la distancia con una reglilla desde los ojos hasta el punto de diplopía. Tras esta acción alejamos de nuevo el estímulo hasta volver a ver una sola imagen o punto de recobro[28].

Puede ocurrir que no perciba la imagen doble bien por que suprima o porque el ojo se descentre y pierda la luz, manteniendo el alineamiento el otro ojo u ojo director.

La distancia normal debería ser 3.00±3.00 cm para una luz puntual y 2.50±2.50 cm para una tarjeta acomodativa.

Prueba de Maddox para medida de heteroforias.

Para medir las forias de lejos y cerca horizontales utilizamos un cilindro de Maddox rojo con disposición horizontal en el ojo derecho utilizando el foróptero (Foto 23). De esta forma el sujeto verá una línea vertical del ojo derecho y un punto de la luz puntual de la linterna visto por el ojo izquierdo[17,29]. (Foto 24)

Foto 23. Cilindro de Maddox de mano.

Foto 24. Posible disposición de las imágenes observadas por el sujeto. Línea roja del ojo derecho y punto de la luz puntual al tener el cilindro de Maddox horizontal en el ojo derecho.

Cualitativamente cuando:

Coincide la línea roja y el punto tenemos Ortoforia.

La línea está a la derecha del punto o hay diplopía descruzada tenemos Endoforia.

La línea está a la izquierda del punto o hay diplopía cruzada tenemos Exoforia.

Se puede medir **cuantitativamente** el valor de la foria en Δ y para ello, se pone un Diasporámetro en el foróptero en el ojo izquierdo (el ojo sin cilindro de Maddox). Para conocer el valor de la foria se pone potencia hasta alinear el punto con la línea.

Si la base final es de base externa tenemos Endoforia.

Si la base final es de base interna tenemos Exoforia.

Para saber si se debe poner base externa o interna debemos recordar que el punto se desplazará hacia el vértice.

Foto 25. Línea roja del ojo derecho y punto de la luz puntual al tener el cilindro de Maddox horizontal en el ojo derecho. En el primer caso, ortoforia. En el segundo caso, endoforia y en el tercer caso, exoforia.

Repetir: Correcto: 1 persona durante 2 horas y cambian, entregan ficha.   Prácticas 9: Ficha clínica optométrica

Apellidos: ____ Nombre: _______________ Edad: _______ DNPLOD: ______ DNPLOI: ______ **DIP cerca:** _______

AV monocular OD: ___________   **AV monocular OI:** ___________   **AV binocular:** ___________ (sin compensación)

Retinoscopía (con foróptero/ 5 min máx.) OD: _______________ esf _______________ cil a _______ º   AV: _________

Retinoscopía (con foróptero/ 5 min máx.) OI: _______________ esf _______________ cil a _______ º   AV: _________

1. Subjetivo monocular: Donders OD/OI o Miopización OD/OI (Subraya la opción elegida) incluido círculo horario, si AV con retinoscopía es menor de 1.

OD: _________ esf _________ cil a ______ º   AV: ____   OI: _________ esf _________ cil a ______ º AV: ___

2. Afinar eje con cilindro cruzado de Jackson (con el cilindro que se obtiene en el círculo horario)

OD: _________ esf _________ cil a ______ º   AV: ____   OI: _________ esf _________ cil a ______ º AV: ___

Afinar esfera con prueba del bicromático o rejilla

OD: _________ esf _________ cil a ______ º   AV: ____   OI: _________ esf _________ cil a ______ º AV: ___   **AV binocular:** _______

Equilibrio duocular para obtener la refracción binocular final

OD: _________ esf _________ cil a ______ º   AV: ____   OI: _________ esf _________ cil a ______ º AV: ___   **AV binocular:** _______

MEDIDA DE LA FUNCIÓN DE SENSIBILIDAD AL CONTRASTE CON PELLI ROBSON Y CSV 1000E

Pelli-Robson Contrast Sensitivity Test

0.00	HSZ	DSN	0.15
0.30	CKR	ZVR	0.45
0.60	NDC	OSK	0.75
0.90	OZK	VHZ	1.05
1.20	NHO	NRD	1.35
1.50	VRC	OVH	1.65
1.80	CDS	NDC	1.95
2.10	KVZ	OHR	2.25

Right Eye

Log Contrast Sensitivity: _____________

0.00	HSZ	DSN	0.15
0.30	CKR	ZVR	0.45
0.60	NDC	OSK	0.75
0.90	OZK	VHZ	1.05
1.20	NHO	NRD	1.35
1.50	VRC	OVH	1.65
1.80	CDS	NDC	1.95
2.10	KVZ	OHR	2.25

Binocular

Log Contrast Sensitivity: _____________

0.00	HSZ	DSN	0.15
0.30	CKR	ZVR	0.45
0.60	NDC	OSK	0.75
0.90	OZK	VHZ	1.05
1.20	NHO	NRD	1.35
1.50	VRC	OVH	1.65
1.80	CDS	NDC	1.95
2.10	KVZ	OHR	2.25

Left Eye

Log Contrast Sensitivity: _____________

0.00	VRS	KDR	0.15
0.30	NHC	BOK	0.45
0.60	SCN	OZV	0.75
0.90	CNH	ZOK	1.05
1.20	NOD	VHR	1.35
1.50	CDN	ZSV	1.65
1.80	KCH	ODK	1.95
2.10	RSZ	HVR	2.25

Right Eye

Log Contrast Sensitivity: _______

0.00	VRS	KDR	0.15
0.30	NHC	BOK	0.45
0.60	SCN	OZV	0.75
0.90	CNH	ZOK	1.05
1.20	NOD	VHR	1.35
1.50	CDN	ZSV	1.65
1.80	KCH	ODK	1.95
2.10	RSZ	HVR	2.25

Binocular

Log Contrast Sensitivity: _______

0.00	VRS	KDR	0.15
0.30	NHC	BOK	0.45
0.60	SCN	OZV	0.75
0.90	CNH	ZOK	1.05
1.20	NOD	VHR	1.35
1.50	CDN	ZSV	1.65
1.80	KCH	ODK	1.95
2.10	RSZ	HVR	2.25

Left Eye

Log Contrast Sensitivity: _______

Examinador: ____   Fecha: ___ /___ /_______

Imagen 8A. Ficha en su primera cara de la práctica 9 de refracción con medidas directas de visión binocular

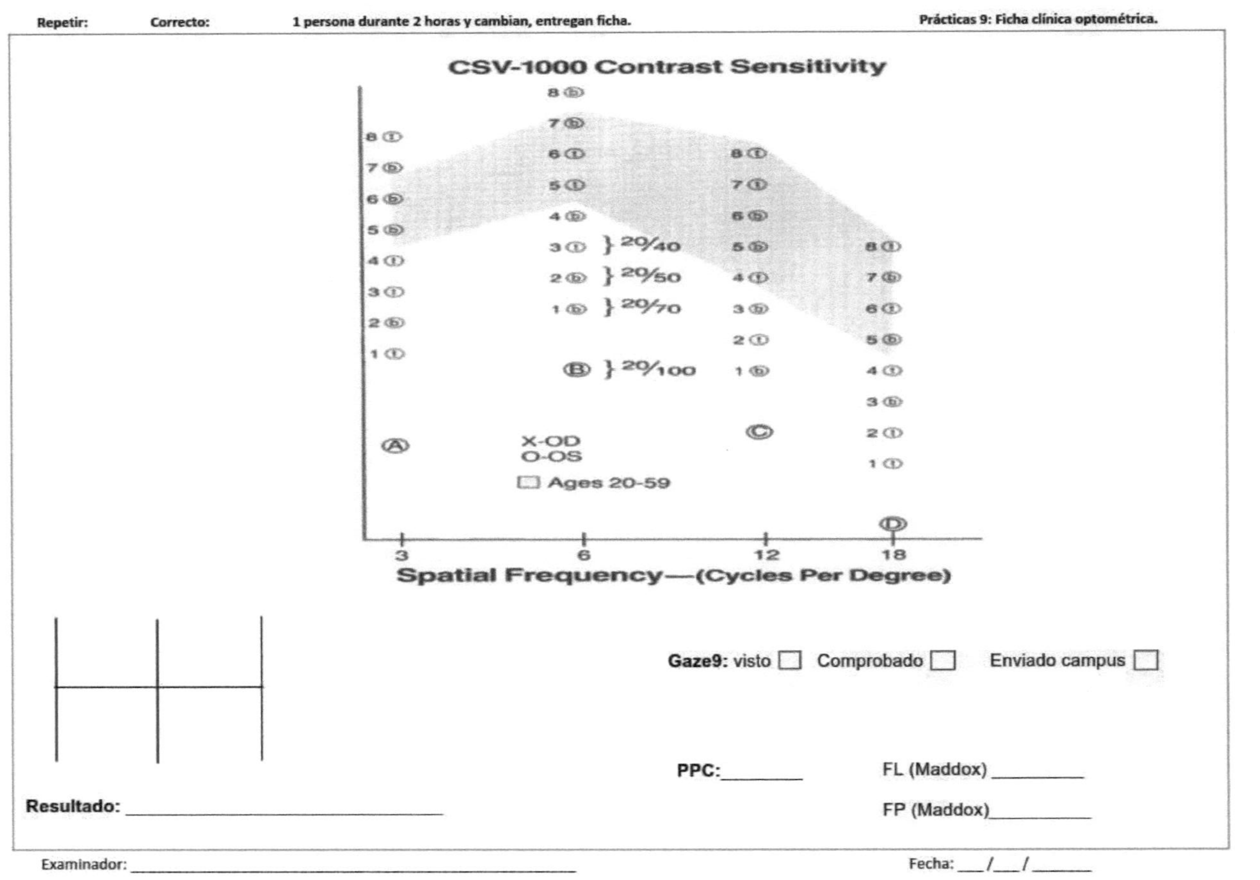

Imagen 8B. Ficha detrás de la práctica 9 de refracción con medidas directas de visión binocular

PRÁCTICA 10

CONTROL 2. FICHA CLÍNICA OPTOMÉTRICA COMPLETA.

<u>**PRIMERA FECHA DE ENTREGA DEL VIDEO 2 (2 PUNTOS POR ENTREGAR CORRECTAMENTE)**</u>

Se hace en parejas por gabinete y cada alumno tiene **1 h** para acabarla y entregarla. (Imagen 9) En las prácticas 11 y 12 deberán traer a un paciente externo por semana haciéndolo en parejas.

Las pruebas a realizar por orden son:

Agudeza Visual.

Retinoscopía (con foróptero/ 5 min máx.).

Subjetivo monocular: Donders OD/OI o Miopización OD/OI (Subraya la opción elegida) incluido círculo horario si AV con retinoscopía es menor de 1.

Afinar eje con cilindro cruzado de Jackson (con el cilindro que se obtiene en RETINOSCOPÍA o círculo horario en su caso).

Afinar esfera con prueba del bicromático o rejilla.

Equilibrio duocular o miopización (en su caso) para obtener la refracción binocular final

Pruebas acomodativas y binoculares

ARN, ARP, FA, MEM, Cilindros cruzados fusionados, Foria lejos, Foria cerca, Foria cerca inducida, AC/A (MH), AC/A (MG), VFN lejos, VFP lejos, VFN cerca, VFP cerca y Amplitud de acomodación

REFRACCIÓN FINAL

ANOMALÍA VISUAL BINOCULAR Y ACOMODATIVA

Anomalías acomodativas					
Anomalía	AA	ARN	ARP	FAM	MEM
Exceso de acomodación	NORMAL	BAJO	ALTO	FALLO CON +	NEGATIVO
Espasmo acomodativo	BAJO	BAJO	NORMAL	FALLO CON +	NEGATIVO
Insuficiencia de acomodación	BAJO	ALTO	BAJO	FALLO CON -	POSITIVO
Acomodación mal sostenida	NORMAL	NORMAL	NORMAL	FALLA EN SEGUNDOS	POSITIVO
Disparidad acomodativa	BAJO	ALTO	BAJO	FALLO CON -	POSITIVO
Parálisis acomodativa	BAJO	ALTO	BAJO	FALLO CON -	POSITIVO
Inflexibilidad acomodativa	NORMAL	BAJO	BAJO	BAJO ±	NORMAL

Tabla 2. Clasificación sintética de anomalías acomodativas.

Repetir: Correcto: **1 persona durante 1 hora, entrega ficha**   CONTROL 2   **Práctica 10:** Ficha clínica optométrica completa

Apellidos: ____ Nombre: _______________ Edad: _______ DNPLOD: ______ DNPLOI: ______

AV monocular OD: __________   **AV monocular OI:** __________   **AV binocular:** __________

Retinoscopía o autorrefractómetro (con foróptero/ 5 min máx.) OD: ____________ esf ____________ cil a ________ º   **AV:** __________

Retinoscopía o autorrefractómetro (con foróptero/ 5 min máx.) OI: ____________ esf ____________ cil a ________ º   **AV:** __________

Afinar eje con cilindro cruzado de Jackson (con el cilindro que se obtiene en RETINOSCOPÍA)

OD: _________ esf _________ cil a _____ º   AV: ____   OI: _________ esf _________ cil a _____ º AV: ___

Afinar esfera con prueba del bicromático o rejilla

OD: _________ esf _________ cil a _____ º   AV: ____   OI: _________ esf _________ cil a _____ º AV: ___   AV binocular: _____

Equilibrio duocular o miopización (en su caso) para obtener la refracción binocular final

OD: _________ esf _________ cil a _____ º   AV: ____   OI: _________ esf _________ cil a _____ º AV: ___   AV binocular: _____

ARN: _______   ARP: ________   Cilindros cruzados fusionados: OD _______ OI _______ AO _______

Foria lejos: _____   Foria cerca: _____   Foria cerca inducida: _____   AC/A (MH): ____ / ____   AC/A (MG): ____ / __

VFN lejos: ___ / ___   VFP lejos ___ / ___ / ___   VFN cerca: ___ / ___ / ___   VFP cerca ___ / ___ / ___

Amplitud de acomodación   AAOD (Lente negativa): ______   AAOI (Lente negativa): _____

FAOD: _______ cpm   FAOI: _______ cpm   FABinocular: ________ cpm   MEM: OD ______ /OI ______

Refracción final   OD: _______ esf _____ cil a ___ º AV: _____   OI: _______ esf _____ cil a ___ º AV: _____   Ad: _______

Anomalía Binocular: ________________________________   **Anomalía Acomodativa:** ________________________________

Examinador: ____   Fecha: ___ / ___ / ______

Imagen 9. Ficha de la práctica 10 de Ficha clínica optométrica completa.

PRÁCTICA 11

CASO REAL 1

<u>SEGUNDA FECHA DE ENTREGA DEL VIDEO 2 (1.5 PUNTOS POR ENTREGAR CORRECTAMENTE)</u>

Se hace con caso real (persona externa a las prácticas de Optometría 2) en parejas por gabinete en **2 h** para acabarla y entregarla. (Imagen 10)

Las pruebas a realizar por orden son:

Agudeza Visual.

Retinoscopía (con foróptero/ 5 min máx.).

Subjetivo monocular: Donders OD/OI o Miopización OD/OI (Subraya la opción elegida) incluido círculo horario si AV con retinoscopía es menor de 1.

Afinar eje con cilindro cruzado de Jackson (con el cilindro que se obtiene en RETINOSCOPÍA o círculo horario en su caso).

Afinar esfera con prueba del bicromático o rejilla.

Equilibrio duocular o miopización (en su caso) para obtener la refracción binocular final

Pruebas acomodativas y binoculares

ARN, ARP, FA, MEM, Cilindros cruzados fusionados, Foria lejos, Foria cerca, Foria cerca inducida, AC/A (MH), AC/A (MG), VFN lejos, VFP lejos, VFN cerca, VFP cerca y Amplitud de acomodación

REFRACCIÓN FINAL

ANOMALÍA VISUAL BINOCULAR Y ACOMODATIVA

Repetir: Correcto: **1 persona durante 1 hora, entrega ficha**   **Práctica 11**: CASO REAL 1

Apellidos: ____ Nombre:____________ Edad:________ DNPLOD:______ DNPLOI:______

AV monocular OD: ___________   **AV monocular OI:** ___________   **AV binocular:** ___________

Retinoscopía o autorrefractómetro (con foróptero/ 5 min máx.) OD: ______________ esf ______________ cil a ________º **AV:** ___________

Retinoscopía o autorrefractómetro (con foróptero/ 5 min máx.) OI: ______________ esf ______________ cil a ________º **AV:** ___________

Afinar eje con cilindro cruzado de Jackson (con el cilindro que se obtiene en RETINOSCOPÍA)

OD: _________ esf _________ cil a ______º   AV: ____   OI: _________ esf _________ cil a ______º AV: ___

Afinar esfera con prueba del bicromático o rejilla

OD: _________ esf _________ cil a ______º   AV: ____   OI: _________ esf _________ cil a ______º AV: ___   AV binocular: _____

Equilibrio duocular o miopización (en su caso) para obtener la refracción binocular final

OD: _________ esf _________ cil a ______º   AV: ____   OI: _________ esf _________ cil a ______º AV: ___   AV binocular: _____

ARN: _______   ARP: ________   Cilindros cruzados fusionados: OD_______ OI________ AO________

Foria lejos: _____   Foria cerca: _____   Foria cerca inducida: _____   AC/A (MH): ____/____   AC/A (MG): ____/___

VFN lejos: ___/___   VFP lejos ___/___/___   VFN cerca: ___/___/___   VFP cerca___/___/___

Amplitud de acomodación   AAOD (Lente negativa): ______   AAOI (Lente negativa): _____

FAOD: _______ cpm   FAOI: _______ cpm   FABinocular: _______ cpm   MEM: OD______/OI______

Refracción final   OD: ______ esf _____ cil a ___º AV: _____   OI: ______ esf _____ cil a ___º AV: _____   Ad: _______

Anomalía Binocular: ____________________________   **Anomalía Acomodativa:** _______________________

Examinador: ____   Fecha: ___/___/______

Imagen 10. Ficha de la práctica11 de CASO REAL 1.

PRÁCTICA 12

CASO REAL 2.

<u>**TERCERA FECHA DE ENTREGA DEL VIDEO 2 (1 PUNTO POR ENTREGAR CORRECTAMENTE O 0 POR NO ENTREGAR O HACERLO MAL)**</u>

Se hace con caso real (persona externa a las prácticas de Optometría 2) en parejas por gabinete en **2 h** para acabarla y entregarla. (Imagen 11)

En las prácticas las pruebas a realizar por orden son:

Agudeza Visual.

Retinoscopía (con foróptero/ 5 min máx.).

Subjetivo monocular: Donders OD/OI o Miopización OD/OI (Subraya la opción elegida) incluido círculo horario si AV con retinoscopía es menor de 1.

Afinar eje con cilindro cruzado de Jackson (con el cilindro que se obtiene en RETINOSCOPÍA o círculo horario en su caso).

Afinar esfera con prueba del bicromático o rejilla.

Equilibrio duocular o miopización (en su caso) para obtener la refracción binocular final

Pruebas acomodativas y binoculares

ARN, ARP, FA, MEM, Cilindros cruzados fusionados, Foria lejos, Foria cerca, Foria cerca inducida, AC/A (MH), AC/A (MG), VFN lejos, VFP lejos, VFN cerca, VFP cerca y Amplitud de acomodación

REFRACCIÓN FINAL

ANOMALÍA VISUAL BINOCULAR Y ACOMODATIVA

Repetir: Correcto: **1 persona durante 1 hora, entrega ficha**   **Práctica 12**: CASO REAL 1

Apellidos: _______________________________________ Nombre:___________ Edad:______ DNPLOD:______ DNPLOI:______

AV monocular OD: __________   **AV monocular OI**: __________   **AV binocular**: __________

Retinoscopía o autorrefractómetro (con foróptero/ 5 min máx.) OD: ____________ esf ____________ cil a ______ º   **AV**: ________

Retinoscopía o autorrefractómetro (con foróptero/ 5 min máx.) OI: ____________ esf ____________ cil a ______ º   **AV**: ________

Afinar eje con cilindro cruzado de Jackson (con el cilindro que se obtiene en RETINOSCOPÍA)

OD: ________ esf ________ cil a ______ º   AV: ____   OI: ________ esf ________ cil a ______ º AV: ___

Afinar esfera con prueba del bicromático o rejilla

OD: ________ esf ________ cil a ______ º   AV: ____   OI: ________ esf ________ cil a ______ º AV: ___   AV binocular: ______

Equilibrio duocular o miopización (en su caso) para obtener la refracción binocular final

OD: ________ esf ________ cil a ______ º   AV: ____   OI: ________ esf ________ cil a ______ º AV: ___   AV binocular: ______

ARN: ________   ARP: ________   Cilindros cruzados fusionados: OD________ OI________ AO________

Foria lejos: ______   Foria cerca: ______   Foria cerca inducida: ______   AC/A (MH): ____ / ____   AC/A (MG): ____ / ___

VFN lejos: ___ / ___   VFP lejos ___ / ___ / ___   VFN cerca: ___ / ___ / ___   VFP cerca___ / ___ / ___

Amplitud de acomodación   AAOD (Lente negativa): ______   AAOI (Lente negativa): _____

FAOD: ________ cpm   FAOI: ________ cpm   FABinocular: ________ cpm   MEM: OD______/OI______

Refracción final   OD: ______ esf _____ cil a ____ º AV: _____   OI: ______ esf _____ cil a ___ º AV: _____   Ad: ______

Anomalía Binocular: _________________________________

Anomalía Acomodativa: _________________________________

Examinador: ____   Fecha: ___ / ___ / ______

Imagen 11. Ficha de la práctica 12 de CASO REAL 2.

Lista de Acrónimos

AA	Amplitud de Acomodación
App	Aplicación
ARN	Acomodación Relativa Negativa
ARP	Acomodación Relativa Positiva
AV	Agudeza Visual
CCJ	Cilindro Cruzado de Jackson
DIP	Distancia Inter Pupilar
FC y FP	Foria de Cerca
FL	Foria de Lejos
OD	Ojo Derecho
OI	Ojo Izquierdo
VFN	Vergencia Fusional Negativa
VFP	Vergencia Fusional Positiva

Referencias

1. Parra JCO, García MRB. Optometría: manual de exámenes clínicos: UPC; 2010.
2. Furlan WD, Monreal JG, Escrivá LM. Fundamentos de optometría, 2a ed.: Refracción ocular: Publicacions de la Universitat de València; 2011.
3. Micó RM. Optometría. Aspectos avanzados y consideraciones especiales + StudentConsult en español: Elsevier Health Sciences Spain; 2011.
4. Montés-Micó R. Optometría: aspectos avanzados y consideraciones especiales. Ámsterdam: Elsevier; 2012.
5. Pi L-H, Chen L, Liu Q, et al. Prevalence of Eye Diseases and Causes of Visual Impairment in School-Aged Children in Western China. Journal of Epidemiology. 2012;22(1):37-44.
6. Guo X, Fu M, Lü J, et al. Normative distribution of visual acuity in 3 to 6 year-old Chinese preschoolers: the Shenzhen Kindergarten Eye Study. Invest Ophthalmol Vis Sci. 2015.
7. Schiefer U, Kraus C, Baumbach P, Ungewiß J, Michels R. Refractive errors: Epidemiology, Effects and Treatment Options. Deutsches Ärzteblatt International. 2016;113(41):693-702.
8. Alarcón MIV. Roctem: Refracción Ocular con Tiempo de Exposición en la Miopización: Penguin Random House Grupo Editorial España; 2018.
9. Frisancho AR. Human Adaptation and Accommodation: University of Michigan Press; 1993.
10. Kawasaki A, Borruat FX. Spasm of accommodation in a patient with increased intracranial pressure and pineal cyst. Klin Monbl Augenheilkd. 2005;222(3):241-243.
11. Horwood AM, Riddell PM. A novel experimental method for measuring vergence and accommodation responses to the main near visual cues in typical and atypical groups. Strabismus. 2009;17(1):9-15.
12. Rutstein RP. Accommodative spasm in siblings: a unique finding. Indian J Ophthalmol. 2010;58(4):326-327.
13. Vargas V, Radner W, Allan B, et al. Methods for the study of near intermediate vision and accommodation: An overview of subjective and objective approaches. Surv Ophthalmol. 2018.
14. Momeni-Moghaddam H, McAlinden C, Azimi A, Sobhani M, Skiadaresi E. Comparing accommodative function between the dominant and non-dominant eye. Graefes Arch Clin Exp Ophthalmol. 2014;252(3):509-514.
15. Johansson J, Pansell T, Ygge J, Seimyr GO. Monocular and binocular reading performance in subjects with normal binocular vision. Clin Exp Optom. 2014;97(4):341-348.
16. Laby DM, Kirschen DG, Pantall P. The visual function of olympic-level athletes-an initial report. Eye Contact Lens. 2011;37(3):116-122.
17. Babinsky E, Sreenivasan V, Candy TR. Near Heterophoria in Early Childhood. Investigative Ophthalmology & Visual Science. 2015;56(2):1406-1415.
18. Banks MS, Aslin RN, Letson RD. Sensitive period for the development of human binocular vision. Science. 1975;190(4215):675-677.
19. Borràs García MR, Gispets Parcerisas J, Ondategui Parra JC. Visión binocular. Diagnóstico y tratamiento: Universitat Politecnica de Catalunya. Iniciativa Digital Politecnica; 2004.
20. Evans BJW. Visión binocular: Masson; 2006.
21. Hussaindeen JR, Rakshit A, Singh NK, et al. Binocular vision anomalies and normative data (BAND) in Tamil Nadu: report 1. Clin Exp Optom. 2017;100(3):278-284.
22. Palomo Alvarez C, Puell MC, Sanchez-Ramos C, Villena C. Normal values of distance heterophoria and fusional vergence ranges and effects of age. Graefes Arch Clin Exp Ophthalmol. 2006;244(7):821-824.
23. Peñalba BA. Procedimientos clínicos en la evaluación de la visión binocular: Netbiblo; 2009.
24. Clamage DM, Vander AJ, Mouw DR. Psychosocial stimuli and human plasma renin activity. Psychosom Med. 1977;39(6):393-401.
25. McKerral M, Lepore F, Lachapelle P. Response characteristics of the normal retino-cortical pathways as determined with simultaneous recordings of pattern visual evoked potentials and simple motor reaction times. Vision Research. 2001;41(8):1085-1090.

26.   Rohenkohl G, Cravo AM, Wyart V, Nobre AC. Temporal expectation improves the quality of sensory information. J Neurosci. 2012;32(24):8424-8428.
27.   Shakespeare TJ, Kaski D, Yong KX, et al. Abnormalities of fixation, saccade and pursuit in posterior cortical atrophy. Brain. 2015;138(Pt 7):1976-1991.
28.   Hussaindeen JR, Rakshit A, Singh NK, et al. The minimum test battery to screen for binocular vision anomalies: report 3 of the BAND study. Clin Exp Optom. 2018;101(2):281-287.
29.   Palomo-Alvarez C, Puell MC. Binocular function in school children with reading difficulties. Graefes Arch Clin Exp Ophthalmol. 2010;248(6):885-892.

Buy your books fast and straightforward online - at one of world's fastest growing online book stores! Environmentally sound due to Print-on-Demand technologies.

Buy your books online at
www.morebooks.shop

¡Compre sus libros rápido y directo en internet, en una de las librerías en línea con mayor crecimiento en el mundo! Producción que protege el medio ambiente a través de las tecnologías de impresión bajo demanda.

Compre sus libros online en
www.morebooks.shop

KS OmniScriptum Publishing
Brivibas gatve 197
LV-1039 Riga, Latvia
Telefax: +371 686 204 55

info@omniscriptum.com
www.omniscriptum.com

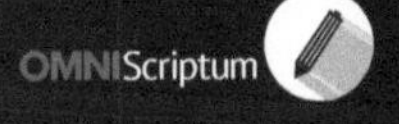

Printed by Books on Demand GmbH, Norderstedt / Germany